U0063836

陳家廚坊
Chan's Kitchen

特級校對飲食哲學的傳承和實踐

在家做
江浙菜

EAST CHINA
CUISINE

陳紀臨、方曉嵐 編著

萬里機構‧飲食天地出版社 出版

目錄

陳家廚坊
Chan's Kitchen

前言

　　江浙菜就是江蘇和浙江的菜餚，在中國傳統的八大菜系之中佔重要地位，也是在中國國宴中常見的菜式。江浙菜有着悠久的歷史，早在春秋的時代，江浙地區是吳越兩國國土。吳王夫差和越王勾踐都是我們熟悉的歷史人物，而臥薪嘗膽更是家喻戶曉的故事。吳國的首都是姑蘇(今天的蘇州)，而越國首都是會稽(今天的紹興)，兩國均為一時的霸主，國力強盛，民生富裕。歷史上隋煬帝三下揚州，康熙六次南巡，乾隆六下江南都為江浙地區留下了不少的故事，同時也奠定了江浙菜在中國菜中的地位。而淮揚菜是江蘇菜系中重要的一部份，所謂淮揚，現在一般指的是以揚州市為中心，包括淮安、揚州、鎮江一帶，但在古代，淮揚地區是指由揚州起東至海邊的海州(今天的連雲港)，橫跨江蘇浙江兩省，以至包括安徽省北面。

　　在陳家廚坊的《真味香港菜》中，我們介紹了一些香港人傳統喜愛的菜式，其中大部份是粵菜，包括廣州、順德、客家、潮州、香港水上人和我們陳家宴客的菜式，而本書則集中介紹江浙菜，也就是多數土生香港人口中的"外省菜"、"上海菜"。

　　在二十世紀初期，由於戰亂，很多江浙商人把生意和家庭遷移到廣州和香港，跟着他們到來的是大量的淮揚菜廚師，帶來了江浙地區的飲食文化、烹飪技術和菜式。當年香港經歷戰亂，百廢待興，大多數的居民生活困苦，物質匱乏，真正高水準的江浙淮揚菜，只是在大商家的家宴以及江浙商會和同鄉會的範圍內流行；因此江浙菜被冠以光環，形象高貴，價格

也 "貴"。而當時香港市面上的餐館流行的是上海本幫家常菜，走的是平民化的路線。只有極少數的江浙菜館走高檔路線，真正能以江浙菜為號召的並不多。這樣的情況一直維持到上世紀八十年代中，香港經濟騰飛，民生富足，同時，隨着國內文革的結束，各省特色的食材到港的供應逐步恢復，高水平的江浙菜得以普及，這才使更多的香港人認識到真正的江浙菜，也使更多的香港人愛上了江浙菜。

中華烹飪源遠流長，博大精深，從古代的山海經我們就已經看到有關食材的記載，《禮記》、《楚辭》裏也包括了多個名饌的做法，而後的所有朝代的各種文獻中都對飲食有很詳盡的記錄，歷代文人更有很多有關飲食的詩詞。世界上沒有一個民族能夠把飲食文化放在這麼高的地位，中國 "民以食為天" 誠然是不錯的。本書中的菜式，部份有着很悠長的歷史，我們重讀了有關的歷史典籍，盡量給讀者講一些掌故和傳說，使讀者在享受烹調之樂的同時，也瞭解一些我國的飲食文化。

我們提倡 "在家吃飯"，體驗家庭的溫馨和諧，所以本書在大量的江浙菜式中選擇了一些又可口又美觀的名菜，通過我們獨特的解讀和詮釋，革新做法使之適合普通家庭烹調。相信讀者經過細讀本書及親自下廚，將會更加欣賞這些 "外省" 菜式，從而提高對江浙飲食文化興趣和認識。

　　其實，江浙菜本身並不難做，只要明白到箇中道理，在家裏做出幾道可口的江浙菜是輕而易舉的事，而且也不一定比貴價菜館做得遜色。本書介紹了江浙菜的三大經典菜式：大煮乾絲、清燉獅子頭和揚州炒飯，又把文思豆腐的刀法秘密公諸同好，當然也少不了人人愛吃的東坡肉、無錫肉骨頭、醉雞、五香醺魚等菜式，同時包括了不少具風味的涼菜和素菜。但有些好吃又著名的江浙菜，因為香港材料所限，很遺憾沒有包括在本書內，比如説清炒軟兜（即野生小黃鱔），因為近年香港市場上一般供應的黃鱔都養殖到肥肥大大，不符合軟兜的要求。另外一個不得不排除在本書外的是著名的南京鹽水鴨，這是因為要做好的鹽水鴨要用有肉而不肥的嫩鴨，而香港一般市場能買到的鴨子肉少肥多皮厚，做出來的鹽水鴨不好吃，只好作罷。

鹽水鴨

清炒軟兜

　　江浙的麵點、點心、風味小吃也是聞名全國，不但刀工精細，而且變化多端。香港人熟識的蟹粉小籠包、生煎包、蟹

黃湯包、黃橋燒餅、蘿蔔絲酥
餅、鍋貼、蒸餃都來自江浙，
當然還有乾菜包、四喜湯圓、
豆腐卷、翡翠燒賣、筍肉餛飩等說不盡的美味點心，但這只能
留作另外一本書的主題了。

在編寫本書的過程中，我們的好友黃可尚先生向我們提供
了不少有關江浙菜的材料使我們對江浙菜有進一步的了解。黃
先生不但是食家，而且能做、能寫、能講，對江浙菜有獨到的
見解，確是我們的良師益友。

陳家廚坊的第一本《真味香港菜》出版後，有讀者朋友來
電郵，說到書中有個別菜的味道比較淡口，我家的飲食口味
的確偏淡，也不用雞粉、味精，我們也常鼓勵朋友盡量少吃
鹽份，所以菜譜的調味一般比較淡。本書介紹的菜式是江浙
地區的菜系，傳統特色是味道較甜而且濃油赤醬，我們設計
的食譜已盡量的把味道調到比較清淡一些，讀者可能覺得有
點不太正統，但符合現代的健康理念。當然，口味各人不同，
讀者請根據自己的經驗和愛好，隨意增減調味料去適應自己
的口味。讀者如果有什麼問題或意見，可以通過互聯網和我
們聯繫，我們對此非常歡迎，也希望藉此交流烹調的經驗和
心得。我們的電郵是 chanskitchen@yahoo.com。

江浙飲食文化

　　淮揚的名稱從商周時代已經出現，在兩千多年前的尚書、周禮已經有淮揚的記載，但淮揚的飲食文化發揚光大卻是從隋唐時代開始，到明清時代更是全盛時期。隋代開鑿運河，把京都洛陽和江都(今之揚州市)連起來，後來再把運河伸延到餘杭(杭州)。到了元代大運河的中段已經和大都(北京)連接，大運河成為從江南到北京的主要航道，大部份從江南到北京的官方物資都是經由大運河運輸，當時叫漕運，內地所需的食鹽，從沿海地區經大運河運往北方，這種運輸叫鹽運。揚州成為物資集散的樞紐，鹽漕兩運為淮揚地區帶來前所未有的興旺，也打通了飲食文化的互動，從京都洛陽傳過來的烹調技術精華，把原來已經高度發展的淮揚菜推到更高峰。

　　隋唐時代稱為淮揚的地區，覆蓋今天的安徽，江蘇和浙江的一部份，以江都(揚州市)為經濟中心，淮揚菜集中了整個地區美食的精華，隋煬帝三下揚州，宮廷的菜式也因而進入淮揚地區。隋唐一千多年後，明朝初期政府設立浙江承宣布政司，到了清初才正式建立浙江省。清康熙六年原來的江南省分拆，東部為江蘇，西部為安徽，江蘇的名字取自江寧府的"江"字和蘇州府的"蘇"字，這才正式有江蘇、浙江的名稱，江浙菜的之成為菜系名稱，則估計要到這個時代才出現，而乾隆時代的"滿漢全席"，實為揚州首創，今天的江浙淮揚菜的淮，是指淮河支流流域在江蘇省內的地區，但並不包括安徽菜，其實應稱為江浙菜系，揚州人以其飲食文化為榮，至今仍稱揚州、

中國淮揚菜博物館

鎮江、南京菜為淮揚菜。而香港人習慣稱之為江浙淮揚菜，可見當年揚州菜和揚州廚師在香港的影響力之大，地位之高。2010年揚州成立了中國淮揚菜博物館，把淮揚菜的歷史和發展過程保留下來，有興趣的讀者不妨在去揚州旅遊的時候去參觀一下。

　　江蘇浙江兩省，水道交匯，交通方便，氣候適中，四季分明，物產豐富，得天獨厚，生活條件從來比較富足，人杰地靈，文化水平高，自古就是風流才子文人雅士的集中地，造就了江浙人對飲食的講究程度，高於我國西南較遲開放的省份，更遠高於西北那些氣候惡劣物產短缺的省份。中國古代的十大名廚中便有五位來自江浙，他們是太和公、劉娘子、蕭美人、王小余和家喻戶曉的董小宛。當然還有彭祖首先創出了用羊肉和魚同煮的吃法，據説這是“鮮”字的來源。古代的蘇東坡、陸游、袁枚、曹寅、唐伯虎等，既是文人也是食家，他們用優美的文字讚揚江浙的飲食文化，曹雪芹在紅樓夢裏提及的飲食，指的也是江浙淮揚菜。

　　我們按傳統把江浙菜系分為以下幾個各有特色的分支：

　　杭州菜——今江浙菜系之首，自古以來杭州都是我國藝術文化之都，而杭州菜更因為蘇東坡和西湖而名聞名天下。杭州菜系重視材料新鮮，烹調方法靈活，有炒、燴、燉、湯、拌、溜等，擅長巧用黃酒和醋，講究色香味全。本書介紹的杭州菜有：西湖醋魚、東坡肉、宋嫂魚羹、香椿拌豆腐、砂窩魚頭豆腐等。

　　揚州菜——由於上世紀三、四十年代江浙商賈大舉南下，部份移居香港，帶來了大批揚州廚師，他們使揚州菜和附近江浙菜系從此名揚海外。揚州菜的特點是刀工精細，清爽雅淡，薄油輕芡，講究鮮嫩軟滑，做法以煨、燉、燴、炒為主，其特色是擅長做湯菜。本書介紹的揚州菜有：雞火乾絲、文思豆腐羹、清湯獅子頭，當然也包括著名的揚州炒飯。

上海菜——上海菜基本分本幫菜和海幫菜，上海本幫菜就是傳統的老上海家常菜，而海幫菜就是自上世紀二、三十年代起上海市洋化和興盛後，口味和菜式吸收了附近地區如蘇州無錫等地的菜式元素，而生出來的混合型上海菜系。上海菜的特點是濃油赤醬，口味偏甜偏濃，擅長炒、燴、溜、燜、燻、煸等烹調手法，亦因近百年受到西方飲食的影響，上海菜增加了有不少多元化的冷盤前菜菜式。本書介紹的上海菜有：生爆鱔背、蔥燻黃魚、油爆蝦、乾煸蝦子茭白、醉雞、木耳烤麩、雞汁百頁包、桂花糖藕、馬蘭頭拌香乾等。

紹興菜——紹興地區有山有水，土地肥沃富繞。紹興菜擅長烹煮河鮮和家禽，紹興鄰近大山，氣候溫和潮濕，盛產品質優良的竹筍。傳統紹興菜的特點是鄉土風味濃，浙江東面由紹興至寧波的整個地區的農村，家家戶戶都精於醃漬菜蔬植物，盛產各種霉乾菜或筍乾，本書介紹的紹興菜有：紹興霉干菜扣腩肉。

寧波菜——寧波位處海邊，菜式以蒸、炒、湯等烹調方法，突顯海產的鮮味和鹹鮮味，加上寧波人擅長於醉、糟等烹調法，使寧波菜在江浙菜中別具特色。傳統寧波菜偏鹹、蝦醬、蟹醬都是很常用的調料，但在近年隨着社會的進步和生活的多元化，寧波人的飲食習慣也有了很大的改變，比較傾向原汁原味了。本書介紹的寧波菜有：寧波蝦醬五花腩、杞子醉蝦、京蔥肉片炒年糕等。

杭州九曲橋

揚州瘦西湖

蘇州菜——蘇州位處長江邊，淡水魚蝦蟹產量豐富，所以蘇州菜系比較擅長烹煮河鮮。蘇州人喜甜食，特別是喜歡吃糯米，自古蘇州人就懂得把糯米做成各式鹹甜糕點、湯圓、粽子、糍粑、八寶飯等，百花齊放，蘇州的糯米食風更影響到整個江浙地區，之後更在各地發揚光大。本書介紹的蘇州菜有：糯米紅棗、五香燻魚等。

無錫菜——無錫菜講究刀工和火候，做法多為燉、煨、燜，特色是味道偏甜，口感喜歡酥爛，其代表菜式是本書介紹的：無錫肉骨頭。

南京菜——南京菜又稱金陵菜，南京是稱為六朝金粉的古都，三國時代南京名為"建業"，是吳國的首都，晉朝時南京名為"建康"，是東晉的首都，此後南北朝時代的宋、齊、梁、陳均建都於此，明朝朱元璋也把國都定在南京，到明成祖時才遷都燕京（今天的北京）。民國時期的國民政府也曾經定都在南京。南京自古以來都是大都市，南京菜系歷來吸收江南各地菜系特色，尤其是深受揚州菜影響，濃淡適中，但南京菜比揚州菜更豐富多彩，擺設講究。南京地區盛產旱鴨，並以鴨的菜式為最擅長，其中南京板鴨和鹽水鴨更是家喻戶曉，馳名中外。

徐海菜——由徐州市至連雲港(古名海州)的海州灣之間的地區稱為徐海地區，徐海地區以徐州市為中心，徐州市位處江蘇省北端，與山東、河南、安徽省四省交界，徐海菜的飲食文化深受山東魯菜影響。比起傳統精細的傳統江浙菜就顯得較為味濃而粗曠，而且口味不像上海人和蘇杭人的偏甜，這可能是受山東人性格的影響吧。徐州兩千年前出了個長命八百歲的彭祖，於是各式滋補藥膳也就成了現在徐州的風味菜了。徐海地區盛產山羊，本書介紹的徐海代表菜為白切羊肉。

醉雞

在香港的江浙菜館，醉雞是常見的菜式，小時候跟大人上館子，不懂得欣賞醉雞，小孩子怕酒味，寧願吃白切雞。人到中年，卻越來越喜歡醉雞、醉鴿、醉蟹、醉魚。沒有了年少輕狂，卻多了一點滄桑，就如醉雞。

自古江浙一帶盛產糯米，黃酒文化源遠流長，醉雞是江浙的名菜，傳統的做法是用黃酒（紹興酒），也有人選用山西汾酒，或者用南方的玫瑰露，甚至用高粱酒和茅台酒，各家各法，各有特色。我們家做醉雞用的是紹興酒，是傳統的江浙風味。紹興酒味帶甜，酒精的成份不太高，用來做醉雞汁味道較"和"。如果用汾酒、高粱或茅台等中國白酒的話，酒精含量較高，酒味會更香濃，但酒的份量和浸的時間就要控制得很好，否則雞肉口感會柴和容易帶有苦味。

在香港的菜館裏吃一客醉雞，菜館往往是用一隻小砵盛載，裏面只有幾件雞塊，人多了份量便不夠，而且價格也不便宜。喜歡吃醉雞，倒不如自己動手在家裏做，工序很簡單，成本也很低。做醉雞分兩個基本步驟，第一個步驟是先做好白切雞，然後再把白切雞用紹興酒等材料浸泡成醉雞。陳家廚坊的醉雞，特色是在醉的過程中加入了青蘋果。青蘋果令醉雞帶有幽幽的果香味，使酒味更調和，但又不會搶了紹興酒的味道，令醉雞更顯香滑美味，是一個天作之合。

陳家白切雞的做法在《真味香港菜》一書中已有收納，現在再介紹一次。

醉雞

材料

光雞	1隻
鹽	¾湯匙
紹興酒	125毫升
片糖	½片
薑汁	1湯匙
青蘋果	1個

材料選購

- 香港市場上的活雞和冰鮮雞種類很多，如三黃雞、清遠雞、河源雞、龍崗雞、海南雞等，還有不少標榜是走地雞，宰淨後的重量從1公斤到1.3公斤，價格不等。除了價格的考慮外，雞的選擇應以較大的為佳；因為雞的生長期越長，雞肉的味道就越好。下面的例子，用的是體型比較大的清遠雞(淨重約1.3公斤)。

- 食鹽可以用餐桌鹽(即幼鹽)、海鹽或粗鹽。要注意的是各種鹽的鹹度都不一樣，顆粒大小也不一樣，用量多少要根據材料而定。以下的白切雞，用的是普通餐桌鹽的份量。

🕐 準備時間5分鐘，醃製時間2小時，蒸25分鐘，泡醉雞汁24小時

做法 ⋯⋯⋯⋯⋯⋯⋯⋯⋯⋯⋯⋯⋯⋯⋯⋯⋯⋯⋯⋯⋯⋯⋯⋯⋯⋯⋯⋯⋯

1. 雞洗乾淨，去掉雞屁股的肥油及附在雞腔內的肺、膜後，吊乾。

2. 先用鹽擦勻雞腔和雞皮，再用薑汁和酒，塗勻雞裏外，再醃2小時以上，醃的期間把雞翻動一至兩次，確保雞的兩邊都醃得夠味道，但不要把雞放冰箱裏，以免影響蒸雞的時間。

3. 蒸雞前用微波爐保鮮紙把整個雞身包好，只留雞屁股的洞不包，好讓蒸汽進入雞腔（見右圖）。這樣避免蒸汽直接接觸雞皮。注意蒸時雞胸要向上，蒸的時候連醃雞碟底的薑酒汁一齊蒸。

4. 淨重1公斤的雞一般蒸18-19分鐘，淨重1.1到1.2公斤的雞應該蒸約20-21分鐘。再大的雞可以酌量增加蒸的時間，蒸時應用中大火，熄火後不要馬上開蓋，要留在鑊裏再焗5分鐘才取出。

5. 把雞從鑊裏拿出，讓雞冷卻後，拿走保鮮紙。蒸雞的汁（約有125毫升的汁）用網過濾後留用。

6. 去掉白切雞的雞頭和雞頸，把雞切成四大件。

7. 在蒸白切雞的汁中加進等同雞汁份量的一份清水和片糖，煮溶片糖後熄火，涼卻後再加進一份紹興酒，和一個連皮切開八片的去芯青蘋果。

8. 把雞泡在涼卻的醉雞汁中24小時。

9. 斬件上桌，蘋果就不要了（也有朋友喜歡把醉蘋果也吃掉的）。上桌前用少許醉雞汁加白糖1茶匙勾一點薄芡，淋在雞上。

陳家廚坊
烹調心得

- 如果沒有蒸雞的汁，可以用盒裝或罐裝的雞湯代替，但記得要加鹽調味。
- 雞泡在醉雞汁後先不要放冰箱裏，讓雞肉能夠多吸收醉汁的味道。
- 勾芡時要加快，不要煮得太久，以免失去酒味。如果喜歡酒味濃的話，在此時不妨再加少許紹酒，但不能加太多，以免有苦味。

油爆蝦

小時候，跟着大人上江浙館子吃飯，香港人一律不分省份，都稱之為"上海舖"。令小孩子感到最興奮的是店舖前陳列的食物架子，有五香燻魚、油爆蝦、醉雞、鳳尾魚、海蜇、鹽水毛豆、醬蹄、東坡肉、油豆腐、西芹豆乾、五香花生。林林總總，目不暇給，跟着大人"衫尾"去挑選食物是一種莫大的享受。可惜，八十年代後，可能由於香港店舖租金昂貴，地方淺窄，也可能是飲食潮流的改變，香港"上海舖"中的食物架子逐漸消失了。如今，要吃這些小食，就要"落單"到廚房了。如果你去到上海、杭州，這種傳統的陳列方法還是有保留下來，快趁機會去懷舊一番吧。可能有一天，這種風味連上海和杭州也會越來越少了。

油爆蝦所選用的蝦，最傳統是用淡水蝦。淡水蝦生長在河流、水庫或沼澤，常見的品種有淡水白蝦、泥蝦和淡水大頭蝦，淡水白蝦殼較薄，肉質甜美，適合做清炒蝦仁，淡水泥蝦較白蝦肉爽，很適合做蝦餃，而淡水大頭蝦的殼軟硬適中，最適合做油爆蝦，炸脆的油爆蝦連蝦頭帶殼都能吃，能夠完全享受油爆蝦的風味。海蝦因為要長期抵受密度較高的海水帶來的壓力而長出較厚的蝦殼，蝦殼較硬便不能連殼吃，失去了蝦殼部份的香脆味道。可惜近年因為珠三角河道污染，香港市場上任何品種的淡水蝦供應都甚少，除了一些高價的江浙餐館外，一般市面很難買到真正的淡水蝦，也就只好用海蝦代替，而海蝦之中相對比較軟殼的是香港常見的海白蝦；但是在香港每年休漁期的時候，海白蝦也難有供應，只有用在鹹淡水生長的基圍蝦代替。

材料

鮮蝦	400克
薑茸	1湯匙
葱花	2湯匙
糖	2湯匙
鹽	½茶匙
生抽	1茶匙
鎮江醋	1湯匙
紹興酒	1茶匙
麻油	½茶匙
油	1公升

材料選購

淡水蝦是首選,其他如羅氏沼蝦、海白蝦和基圍蝦都可以用。

🕐 準備時間10分鐘,烹調時間20分鐘

做法

1. 剪去蝦頭的尖刺部份和蝦爪(見圖1、圖2),沖洗乾淨,用廚紙吸乾水。

2. 準備好一隻漏勺(見圖3)用大火加熱炸油,拿一把蝦放入油鑊炸,見到油中泡沫少了,即用漏勺撈起蝦隻,到油再熱了後再把炸過的蝦放進油鑊再炸,以上方法重複三次,瀝乾油,再用廚紙吸乾多餘的油份。餘下的生蝦分批按以上程序炸好。

3. 把油倒出,只留2湯匙油在鑊內。

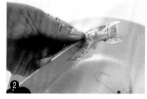

4. 用中火燒紅鑊,先加入糖和蝦爆炒,再加薑茸,爆炒幾下後在鑊邊灒紹酒,加入生抽、鹽和鎮江醋,再撒下葱花一同爆炒收乾汁,最後淋少許麻油即成。

陳家廚坊
烹調心得

- 分批分三次炸蝦,是為了做到把蝦殼炸脆而蝦肉不老。
- 在放醬油和醋之前,先放糖和蝦同快手爆炒,可使炸脆的蝦殼上一層焦糖,顏色會較紅一些。有些菜譜的做法是加入老抽,但炸脆的蝦頭會很容易吸收了老抽的深顏色,所以選用萬字醬油等不太深色的醬油比較適合。
- 此菜式為快手乾身爆炒的做法,不要打芡。
- 蝦炸好後要隨即就進行炒的步驟,否則蝦頭會變黑。
- 灒酒要在鑊邊灒,不要直接灒到蝦中,以防火候不當時蝦肉變霉。

雞火乾絲

揚州三把刀——菜刀、理髮刀、修腳刀，都是聞名的刀工工藝。先不說後面的兩把刀，就菜刀而言，如果沒有揚州精湛的菜刀工藝，恐怕也不會有精緻的揚州菜，更不用說揚州乾絲了。揚州人愛吃乾絲，有詞為證："揚州好，茶社客堪邀。加料千絲堆細縷，熟銅煙袋臥長苗，燒酒水晶肴"。這是清代惺庵居士《望江南》詞，描寫當年揚州人享受的吃燙乾絲、抽煙、喝酒和吃肴肉。揚州菜以刀工細膩出名，一塊白燙乾絲豆乾，刀工高明的師傅據說能夠橫片

燙乾絲

出二十四層（也有說二十八層的）厚薄平均的豆乾片，再切成比牙籤更細的乾絲，根根一樣粗細，煮不爛，理不亂，和火腿絲、雞絲同煮，可以把三絲均勻地混在一起，吃時每一口都能夠吃到三絲。有這樣的口腹享受，加上理髮、修腳，怪不得人人都說"揚州好"。

乾隆皇下江南，揚州官員奉上"九絲湯"，是以乾絲加上八種其他切成絲狀的食材所做成。清嘉慶年間揚州鹽商童岳薦選撰的調鼎集記載了九絲湯的材料：火腿絲、筍絲、銀魚絲、木耳、口蘑、千張、腐乾、紫菜、蛋皮、青筍或加海參、魚翅、蟶乾、燕窩俱可。簡單的說法，"九"代表最尊貴，九絲湯不無向皇帝拍馬屁之嫌，不過這也是情理之中。但是這樣一來，卻因為配料太多，完全顯不出乾絲的雅淡貴氣特點。先父在他的《食經》說他"不是要教人放多少油、多少鹽，而是為什麼要放油、放鹽"。現代社會物產豐富，市場上應有盡有，人們慢慢的形成了用材料越多越好越貴越好的習慣，這個情況近年在酒樓飯館更越為普遍。我最近在揚州吃過一道"大煮乾絲"，乾絲明明是菜式的主角，卻配以一堆又硬又無味的雞腎片、竹筍片，喧賓奪主，加上一塊一塊黑色的木耳，把軟白細緻的乾絲搞到一塌糊塗，賣相很難看，口感粗糙，豆乾味更失了踪。

陳家廚坊提倡合理和適當地運用配料，目的是要更突出主要食材以達到最好的效果，而不是盲目的豪華堆砌。所以陳家廚坊介紹的乾絲做法，還是選擇了比較保守的"雞火乾絲"。雞火乾絲，亦名"雞汁煮乾絲"，也是大煮乾絲的一種，是揚州名菜。

雞火乾絲

揚州的刀工聞名全國，揚州師傅也是經過多年的訓練和實習，一塊豆乾可以先橫片成二、三十層是我們學不來的，但是橫的不成可以來直的，把切乾絲的工藝倒過來，先切直的，再切橫的也未嘗不可，畢竟我們不是和揚州大師傅比拼刀工，略為取巧是可以接受的。其實在家裏做這個菜有另一個好處，就是可以用最好的材料做湯，乾絲切得多細不要緊，主要是湯要好，不加味精，這好處就是酒樓飯館所不能比的。揚州名菜雞火乾絲確有其獨到之處，除了刀工精細外，所用的食材互相配合得宜，火腿味鹹香，雞湯鮮濃，乾絲經過處理可以完全吸收這兩種味道，把食材的特點盡量的發揮。

香港傳統市場的豆腐店裏也有賣白豆腐乾，但是這種豆腐乾比較軟身，很難用刀切成薄片，而且因為豆腐中有氣孔，切絲容易斷。正宗的淮揚乾絲乾(見右圖)密度高，沒有氣孔，較容易切成薄片和細絲。

材料

淮揚乾絲乾	1包(2塊)
雞	1隻
金華火腿	20克
薑片	6片
幼鹽	2茶匙

材料選購

淮揚乾絲乾在香港是冷凍出售，在南貨店有售，是一種專為做乾絲用的白豆腐乾。選火腿要纖維長的，要可以切成乾絲一樣的長短。

🕐 準備時間3小時，烹調時間15分鐘

做法···

1. 雞洗淨瀝乾，大火燒開一鍋水（約2公升水），放入薑片煮沸，放下雞，水要浸過雞面，加蓋大火煮沸後熄火，燜住30分鐘後把雞取出。

2. 待雞稍涼後，用刀割出雞胸肉，用手撕成雞絲備用。其他雞件放回湯中繼續煮湯，約煲2.5小時，大火收濃雞湯，加½茶匙鹽，隔去湯面油份和湯渣，做成濃湯備用。

3. 金華火腿在清水中浸泡1小時，洗淨後蒸10分鐘。切絲備用。

4. 把乾絲乾洗淨，四邊凸出的地方切平，再把乾絲乾切成薄片（見圖1）。排好薄片（見圖2），再切成細絲（見圖3）。

5. 把切成細絲的乾絲，用1茶匙鹽和500毫升水拌匀的鹽水泡浸半小時，取出乾絲用清水煮沸氽過後撈起，重覆再換鹽水泡半小時，再氽水一次，撈起瀝乾。

6. 把375毫升濃雞湯放在鍋中煮沸，放入雞絲和火腿絲，用中火煮5分鐘，再放入乾絲慢火煨煮5分鐘，最後加入數滴麻油即成。

陳家廚坊
烹調心得

• 把乾絲重複處理兩次是為了除去豆腥味，顏色更潔白，口感更柔軟。
• 一隻雞煲出來的湯，做完這菜式後，份量應還剩一半可留作他用。
• 切乾絲的刀，刀鋒要平，刀口薄和鋒利，不能用刀口彎的刀，切的時候要一刀平切而下，不能拉扯，否則會把豆乾拉破。砧板要平，否則乾絲切不斷。
• 切乾絲的時候，先把刀濕水，以防乾絲黏住菜刀。
• 用清水預先浸泡火腿是要把部份鹽份浸出來。
• 雞胸肉要從整隻雞割下，才能撕成細長的雞絲，如果買冷藏雞胸肉塊的話，雞胸煮過後會縮小，很難撕成雞絲，雞絲要用手撕，不能用刀切，否則會切斷纖維。兩塊乾絲乾做的一碟乾絲，配合整隻雞的一半的雞胸肉份量已足夠，放太多雞絲就會喧賓奪主。

揚州清湯獅子頭

在北魏（公元386-543年）賈思勰撰的《齊民要術》中有這樣關於"跳丸炙"的一個記載：《食經》曰：作"跳丸炙"法"：羊肉十斤，豬肉十斤，縷切之。生薑三斤，桔皮五葉，藏瓜二升，蔥白五升，合搗，令如彈丸。別以五斤羊肉；乃下丸炙，煮之作丸也。這就是說古代的人用豬羊肉切絲，加上薑、陳皮、醬瓜、蔥白，搗爛，做成丸子，另外再做羊肉湯，把丸子煮熟。早在一千五百多年前，人們已經記載了做丸子的方法。獅子頭便是一個大丸子，在中國的北方也稱為四喜丸子（與南方的糯米四喜丸子不同）。

中國飲食界流行着這樣的一個故事：當年隋煬帝楊廣帶着妃嬪隨從，乘着龍舟沿大運河南下看瓊花（即繡球花），"所過州縣，五百里內皆令獻食"。楊廣看了瓊花，特別對萬松山、金錢墩、象牙林、葵花崗四大名景十分留戀。回到行宮後，楊廣吩咐御廚以上述四景為題，製作四道菜餚，作為紀念。御廚們費盡心思終於做成了松鼠桂魚、金錢蝦餅、象牙雞條和葵花斬肉這四道菜。楊廣品嚐後，十分高興，於是賜宴群臣，一時間淮揚菜餚傾倒朝野。

到了唐代，隨着經濟繁榮，官宦權貴們也更加講究飲食。有一次，郇國公韋陟宴客，府中的名廚韋巨元也做了揚州的這四道名菜，並伴以山珍海味、水陸奇珍，令座中賓客們嘆為觀止，當"葵花斬肉"這道菜端上來時，只見那巨大的肉團子做成的葵花心，精美絕倫，有如雄獅之頭。賓客們趁機勸酒道："郇國公半生戎馬，戰功彪炳，應佩獅子帥印。"韋陟高興地舉酒杯一飲而盡，說："為紀念今日盛會，'葵花斬肉'不如改名'獅子頭'。"奉承者一呼百諾，從此就添了"獅子頭"道名菜。

這個故事我們在正史中沒有找到，可能只存在野史中。但隋煬帝三下揚州，極盡奢華享受，故事裏有關他的記載是有點可信的，而郇國公韋陟是唐玄宗年代的人，在《新唐書》裏的韋陟傳說他"性侈縱，喜飾服馬，侍兒閹童列左右常數十，侔於王宮主第。窮治饌羞，擇膏腴地藝穀麥，以鳥羽擇米，每食視庖中所棄，其直猶不減萬錢，宴公侯家，雖極水陸，曾不下箸。"郇公廚更成為了是代表膳食精美的品牌，也就是多謝這種精於飲食的豪門世家，才能夠把一個獅子頭菜式流傳千多年至今。

揚州清湯獅子頭

揚州菜以刀工細膩出名，煮出來的菜式味道以清淡為主，做得好的揚州獅子頭是要"入口即溶，肥而不膩"，同時要能保持材料的原汁原味。古代的獅子頭用的豬肉是瘦三分肥七分，後來慢慢變成瘦四肥六，到了清代，又變了瘦肥各半。現代人講究健康，瘦肥的比例又要改了。其實，在獅子頭的製作過程中，大部份的肥油已經從肉丸中流失了，所以入口能夠肥而不膩。刀工講究的是"細切粗斬"也就是説先把肉切得很細，再剁的時候不要剁得太細，以顯出獅子頭毛髮蓬鬆的形狀。當年的獅子頭用的豬肉是瘦三分肥七分，如果把瘦肉都剁成糜，那就"無肉可咬"，所以要細切粗斬，今天做的獅子頭，一般是瘦六分肥四分或瘦七分肥三分，如果細切粗斬，則變成蒸豬肉餅，不會有"入口即溶"的口感。所以我們建議把一部份豬肉做細切粗斬，另外的剁得越細越好，這樣外觀和口感都兼顧了。現代人生活緊張，很難達到揚州傳統的刀工要求，所以為了省功夫，用絞豬肉亦無不可，不過在絞的過程中，肉的纖維會被擠壓得糾纏在一起，所以還是要略為加工，把纖維剁斷。獅子頭除了豬肉外，還可以加入其他材料，如鮮蝦，蟹粉等，但是重要的是不要讓這些材料蓋過了豬肉本身的鮮味。我們比較喜歡清淡的味道，所以這裏介紹的是只用鮮蝦和豬肉的清湯獅子頭。喜歡較濃味道的朋友可以在這個獅子頭的基礎上改做紅燒，或者再加入其他食材。

材料

絞瘦豬肉	300克	肥豬肉	200克
鮮蝦	100克	薑汁	1湯匙
鹽	1茶匙	糖	¼茶匙
生粉	1.5湯匙	麥片	1湯匙
胡椒粉	少許		

材料選購

瘦豬肉可用梅頭，也可以選用其他部份的，見烹調心得。

🕐 準備時間30分鐘，燉2小時

做法·····

1. 把絞瘦豬肉加工再剁，一半粗斬，一半剁細。
2. 肥豬肉切成條，然後切粒剁細(史書說榴米，即石榴籽。其實切成玉米粒大小即可)。
3. 鮮蝦去殼後剁成蝦茸。
4. 麥片用手捏成粉狀。
5. 把所有材料放大碗裏，用手捏到完全混合。
6. 把混合好的材料做成四個大丸子，放在燉盅裏，加水到完全覆蓋丸子表面，在水中可以稍放一些鹽(也可用雞湯)。
7. 燉2小時後取出，吃時連湯一同吃。

陳家廚坊
烹調心得

- 揚州清湯獅子頭的要求是"入口即溶"，所以肥豬肉是不可缺的。燉2小時後獅子頭已經不會有肥膩的感覺。
- 用什麼材料是要看吃的人要求。肥瘦肉分開買是可以準確控制肥瘦的比例，就能做到每一次同樣的品質。當然也可以選用五花腩，但是五花腩的肥瘦比例不穩定，每一次的效果可能都不一樣。另外的一個好的選擇是買豬頸肉絞碎，因為豬頸肉的肥瘦分布比較均勻，效果比較有保證。如果是用絞碎的五花腩或豬頸肉，便不用另外準備肥豬肉。
- 瘦豬肉要剁多細，是要看對口感的要求。剁得越細，越能"入口即溶"，剁得粗一點，肉丸表面比較粗燥像獅頭，也比較有"咬口"。
- 剁豬肉之前，先用熱水把刀浸三分鐘至刀熱，這樣剁肉來就不會黏刀。
- 不要把肉攪拌或"撻"到起膠，因為這樣的肉丸會變成"彈牙"，影響"入口即溶"的口感。我們提議用手捏而不要筷子攪拌是要避免起膠的問題。
- 加入麥片是要增加黏度，同時也可以吸收部份的肉汁。
- 有些廚師在做這個菜時加入饅頭或白麵包以達到入口即溶的效果，我們則認為適當比例的肥瘦肉如果處理得好便可得到理想的效果。如果需要加進饅頭或麵包，記着不能加太多，否則會有滿口漿的感覺。
- 這個菜也可以蒸，用慢火蒸45分鐘就可以了，但是因為蒸的溫度比燉的要高，蒸出來的肉丸嫩滑度和口感不如燉的好。蒸的火力要慢是因為肉丸在高溫中容易爆開，而慢火更能夠使肉丸定型。
- 要做紅燒獅子頭可以在肉丸蒸好後做一個紅燒汁淋上，也可以先把肉丸炸過再紅燒。

東坡肉

從前在香港尖沙咀有幾家上海菜館，門前放滿了已經準備好的菜式，隨時讓客人挑選。上海菜的烹調喜歡用醬油，菜式很多都是顏色較沉，但是門前卻有一道菜的顏色特別亮麗，這就是出名的東坡肉。

有關東坡肉的傳說很多，大部份是圍繞着蘇東坡在不同地方當官時候可能發生過的事情。蘇東坡是北宋最出名的文人，無論在詩、詞，賦、散文、書、畫都有很高的成就，除了在文學上的修養，他也是一個很出名的美食家。

蘇東坡的生性耿直，得罪的人不少，他反對黃安石的變法，更令他仕途坎坷，為官多年，大部份時間都在不得意中度過。他為官清正，在做地方官的時候，深得人民愛戴，也因此留下很多有關他的故事、諺語，特別是在飲食方面，"拼死食河豚"就是一個很出名的例子。

東坡肉有幾個典故，一個是永修東坡肉，説的是蘇東坡路過贛北永修的故事。據説因為當地的一個農民誤解了蘇東坡的話，而做出了一個用稻草和豬肉同煮的紅燒肉。紅燒肉是否會因為稻草而變得更好吃，不得而知，但是現在很多菜館做的紅燒肉，上面繫一根稻草，叫稻草肉，也有叫東坡稻草肉的，應該是根據這個故事做出來的。

另外一個東坡肉的故事，據説是蘇東坡在當徐州知府的時候，帶領群眾成功抗洪，群眾為了感謝這位朝夕相處，甘苦與共的父母官，紛紛殺豬宰牛，牽羊擔酒，送到知府衙門。蘇東坡收了禮物後，命家人把這些肉烹調好後，回贈給抗洪百姓。這個肉就叫東坡回贈肉。

還有一個東坡肉的故事發生在湖北的黃州，當時蘇東坡因事被貶為黃州協團練副使。被貶後的薪俸不多，生活困苦，請得廢地數十畝，自耕自足，建了一間草房名"東坡雪房"，自號東坡居士，閒時研究烹飪技術，並親自下廚，烹調各種食物。當時黃州的豬肉賤，蘇東坡最喜歡吃豬肉，因此對豬肉的烹調特別講究，他寫了一首《豬肉頌》總結他烹調豬肉的經驗："洗淨鐺，少着水，柴頭竈煙焰不起。待他自熟莫催他，火候足時他自美。黃州好豬肉，價賤如泥土。貴者不肯食，貧

東坡肉

者不解煮。早晨起來打兩碗，飽得自家君莫管。"蘇東坡是出名的美食家，他廚藝精通，對烹調豬肉更深得個中三昧，這個做法出來的紅燒肉就是我們今天流行的東坡肉。蘇東坡後來又當上杭州知府，東坡肉可能在這個時候廣泛的流傳，成為杭州的名菜。

三個傳說都可能是真的，但是我們想黃州的故事最為可信，因為只有像蘇東坡這種天才橫溢、安貧樂道的人，才能在困境中有心情把最賤的食材研究出最美味的食品來。可惜的是他自己的仕途並沒有等得到"火候足時他自美"，最後只能鬱鬱而終。

東坡肉的要求是肥的部份肥而不膩，瘦的部份酥而不爛，要做得好，就要有蘇東坡的耐性，微火慢煮，等到"火候足時他自美"。

材料

五花腩肉	600克	紅糖	2湯匙
紅麴米	1湯匙	薑片	40克
紹興酒	400毫升	冰糖	20克
生抽	1.5湯匙	老抽	1.5湯匙

🕐 準備時間10分鐘，烹調時間3小時

做法 ‧‧‧‧‧‧‧‧‧‧‧‧‧‧‧‧‧‧‧‧‧‧‧‧‧‧‧‧‧‧‧‧‧‧‧‧

1. 五花腩肉整塊刮去細毛洗乾淨，豬皮向下放在砧板上，用刀把最上面一層的全瘦肉切去不要。切出來的瘦肉可以留作他用。（看圖1）

2. 把五花腩肉放進一鍋沸水中大火煮肉20分鐘後，用清水沖5分鐘，瀝乾後，用刀把瘦肉部份切成四塊正方型，但豬皮不切斷。（看圖2）

3. 把紅糖放入鍋，開小火用2湯匙水慢煮紅糖，不斷用勺攪拌，煮成焦糖，然後把五花腩肉皮朝下放在焦糖上沾上糖色，再把豬肉反過來，讓焦糖沾滿所有位置，熄火取出五花腩肉。

4. 把紅麴米用250毫升水慢火煮15分鐘，把渣過濾後，紅麴米水留用。

5. 用一隻小鍋，把薑片鋪在鍋底，五花腩肉皮朝下放在薑片上，加進紹興酒、紅麴米水和清水至浸過材料，加蓋用大火煮沸，改用小火煮半小時後，放入冰糖、生抽和老抽煮1小時，然後把五花腩肉反轉使豬皮朝上，再煮1小時，熄火取出裝盤。把鍋底的稠汁淋在豬皮上，即成。

陳家廚坊
烹調心得

- 把豬肉用清水煮有幾個作用，一是汆去生豬肉的血水和污垢，二是豬肉經過水煮，豬皮毛孔會稍為張開，這時趁熱上糖色，便更能附在豬皮上，燜煮後就會有均勻紅潤的色澤。三是煮完的五花腩比較容易切得整齊。
- 焦糖不需要煮得太過濃稠，火候要控制得好，小心煮焦沾鍋。
- 紅麴米的作用是要東坡肉顏色更紅亮，賣相更好看。
- 請賣肉店家不要用火槍去燒豬皮上的毛，因為豬皮經過火燒會縮小，整塊肉變得肉多皮少，煮出來的東坡肉就不好看了。

生爆鱔背

黃鱔是自古以來已經有的魚類，早在兩千多年前的山海經已有記載。由於鱔魚的營養價值好，藥用價值高，被中醫認為有補腦、健身、降低血糖的功效，被很多古代的醫書記載收藏。

淮揚地區流行一個"清炒軟兜"的菜式。軟兜即黃鱔，當地用的是體型小的野生黃鱔，每一條只能切出兩條鱔肉，每一段約16至17厘米長。清炒軟兜便是用油泡再清炒這些長長的鱔肉，配料用的是蒜頭片，青紅甜椒絲、紹酒、胡椒粉，下面墊以韭黃。軟兜肉脆而皮滑，一口吃一條。可惜的是近年香港能買到的黃鱔很多都是特別肥大的，完全不合炒軟兜的規格，只適合用來炒鱔糊。香港人很喜歡吃炒鱔糊這個菜式，高級的江浙餐館會採用當天的活宰黃鱔，但大部份食肆不會用活宰的黃鱔，因為炒鱔糊的黃鱔是切成約5厘米長的粗絲，所以大小肥瘦的黃鱔都可以用，而且一般餐館炒鱔糊的芡打得很稠，黃鱔肉的新鮮程度要求可以不很高，有些甚至會用冷藏黃鱔絲，口感當然完全不同。

家庭做黃鱔菜式，一定是到市場買活宰的黃鱔，吃得比較放心，喜見近來香港的鮮活市場上可買到從中國大陸來的野生小黃鱔，長度大概30厘米，體積約拇指大小，這種小黃鱔最適合用來做生爆鱔背。

材料

黃鱔 500克

肥豬肉粒 1湯匙

蒜茸 1湯匙

葱花 .... ½湯匙

薑絲 1湯匙

韭黃 100克

銀芽 100克

醬油 2茶匙

幼鹽 .... ½茶匙

紹興酒 1茶匙

糖 1茶匙

胡椒粉 .... 少許

生粉 .... 少許

麻油 1湯匙

材料選購

黃鱔必須活宰，死了的黃鱔有毒，不能吃。而且，應該選擇買體型平均的黃鱔，體型平均表示黃鱔有機會正常生長，盡量不要買那些從上半身到肛門的一段特別肥大的，因為這種黃鱔有可能經過特別催促生長，長肥而不長長度。買黃鱔時請店舖代為活宰及去骨，頭和骨都不要。

🕐 準備時間20分鐘，烹調時間5分鐘

做法

1. 黃鱔肉用生粉和鹽洗過，用水洗乾淨後瀝乾，橫切成每段5-6厘米，再直切成約1.3厘米(約1.3厘米)寬的條狀。

2. 大火煮水大沸騰後熄火，倒入鱔背，用筷子迅速攪動，不要開火，目的在佘去血水，10秒鐘左右撈起，用清水沖洗後瀝乾備用。

3. 把幼鹽、醬油和糖的份量先量好，用一隻小碗裝好拌勻。

4. 用1茶匙油起鑊，倒入肥豬肉粒，炸出豬油後撈走豬油渣。

5. 大火燒熱豬油，放入薑絲和鱔段一起爆炒到鱔背乾身，然後在鑊邊潛入紹興酒，爆炒十多下後加入拌好的醬料，快手爆炒到鱔魚段熟透，放入韭黃段和銀芽炒勻，再加少許胡椒粉兜勻即上碟。

6. 用筷子把鱔背撥開，中間留一小洞，在洞中放入蒜茸。

7. 用另外一隻乾淨鑊燒沸1湯匙生油和1湯匙麻油，淋在蒜茸堆上，立刻上菜。要求在上菜時，蒜茸油仍滋滋作響。

陳家廚坊 烹調心得

- 爆的意思是要火猛手快，不要加蓋，開始下鑊炒前，先用小碗把所有的調料準備好，炒的時候不會浪費時間，不要把鱔背炒得過熟，否則就會失去軟滑爽口的效果。用新鮮活宰的鱔背來做爆炒，不必勾芡，這菜式與炒鱔糊不同，生爆鱔背要求炒得清爽俐落，不應該有醬汁。

- 韭黃見火易熟，不必擔心韭黃不熟，如果完全熟透其口感就會韌。銀芽可用可不用，銀芽的效果是增加脆口，所以也是一炒勻即起，一旦過火的銀芽就會出水，整碟菜就會失敗了，所以新手下廚可以不加銀芽。

- 提議用萬字醬油(Kikkoman)，因為爆炒後不會有酸味。

西湖醋魚

西湖醋魚是杭州名菜，是江浙菜館必有的菜式。這個菜另有一個名字叫"叔嫂傳珍"，相傳古時有宋姓兄弟兩人，滿腹文章，很有學問，隱居在西湖以打魚為生。當地惡棍趙大官人有一次遊湖，路遇一個在湖邊浣紗的婦女，見其美姿動人，就想霸占。派人一打聽，原來這個婦女是宋兄之妻，就施用陰謀手段，害死了宋兄。惡勢力的侵害，使宋家叔嫂非常激憤，兩人一起上官府告狀，企求伸張正氣，使惡棍受到懲罰。他們哪知道，當時的官府是同惡勢力一個鼻孔出氣的，不但沒受理他們的控訴，反而一頓棒打，把他們趕出了官府。

回家後，宋嫂要宋弟趕快收拾行裝外逃，以免惡棍跟踪前來報復。臨行前，嫂嫂燒了一碟魚，碗裏一滴油也沒有，而且加糖加醋，燒法奇特。宋弟問嫂嫂：今天魚怎麼燒得這個樣子？嫂嫂説：魚有甜有酸，我是想讓你這次外出，千萬不要忘記你哥哥是怎麼死的，你的生活若甜，不要忘記老百姓受欺凌的辛酸之外，不要忘記你嫂嫂飲恨的辛酸。弟弟聽了很是激動，吃了魚，牢記嫂嫂的心意而去，後來，宋弟取得了功名回到杭州，報了殺兄之仇，把那個惡棍懲辦了。可這時宋嫂已經被逼逃遁離去，宋弟一直查找不到。有一次，宋弟出去赴宴，席間吃到一味魚菜，味道就是他離家時嫂嫂燒的那樣，連忙追問是誰燒的，才知道正是他嫂嫂的傑作。原來，從他走後，嫂嫂為了避免惡棍來糾纏，隱名埋姓，躲入官家做廚工。宋弟找到了嫂嫂，很是高興，便辭了官職，把嫂嫂接回了家，重新過起捕魚為生的漁家生活。

做得好的西湖醋魚，魚肉嫩滑，魚皮不爛，酸甜適中，入口不膩。這裏介紹的做法，就是採用古法浸魚的方法來達到魚肉嫩滑的效果。

陳家廚坊
烹調心得

- 魚要熄火浸熟才會嫩滑。水溫度過高或不斷沸騰，就會使魚肉變得粗燥。
- 碟子裏的魚水要倒淨，否則會影響醋汁的味道。
- 西湖醋魚的要求是沒有用油，但魚肉十分嫩滑。

材料

鯪魚腩	500克
薑	30克
鎮江醋	3湯匙
紅糖	2茶匙
鹽	1茶匙
生粉	1茶匙

材料選購

做這個菜傳統用的是鎮江香醋，但是在香港如果買不到好的鎮江香醋，可以改用外國進口的黑醋 Balsalmic vinegar。

🕐 準備時間10分鐘，烹調時間15分鐘

做法

1. 鯪魚腩刮鱗，洗乾淨，用小刀輕輕刮去腹腔內的黑膜。
2. 薑去皮，一半切片，一半切絲。
3. 在鑊裏燒八成滿水，放進薑片和½茶匙鹽，大火煮至大沸。
4. 熄火，然後把鯪魚腩慢慢放進鑊裏，皮朝上浮在水中，蓋上鑊蓋燜8-10分鐘後，用大漏勺把魚小心輕輕撈起放碟中。倒掉碟子裏的魚水。
5. 鑊裏浸魚的水倒剩1杯，重新開火煮沸，放進醋、薑絲、½茶匙鹽和糖。
6. 用生粉開水攪勻，除除倒進鑊裏調芡。
7. 最後把調好的糖醋汁淋在魚上即成。

揚州炒飯

年輕的時候在台灣唸書，在香港的父親會定時托朋友交給我一些零用錢，每逢周末，最興奮的節目便是看電影和在校外吃飯。當年台灣物價低廉，吃一個客飯只需五元新台幣，不到一港元（五十年代的新台幣匯率好像是七對一）。客飯的好處是米飯任吃，當年年輕的我可以一頓吃五碗米飯，我的一個好朋友，來自韓國的華僑學生比我更能吃，學校附近的飯店老闆看見我倆就頭痛，兩個人合共只收十元肯定要賠本。可是我最喜歡吃的卻不是客飯，而是五元一客的蛋炒飯，最喜歡光顧的是山東人開的大排檔。他們的蛋炒飯材料很簡單，只有雞蛋、葱花、鹽和飯，但是那種炒出來的香氣至今難忘。當時還不懂得有揚州炒飯，只知道蛋炒飯已是人間美味。這種蛋炒飯的香味我只有在多年後在北京吃到，用的雞蛋是河北太行山的走地柴雞蛋，很可惜在香港買不到這種雞蛋。

香港的大小粵菜館食肆和茶餐廳，餐牌上大多數都有揚州炒飯，當然，也有不少竟是寫錯字的"楊州"炒飯。揚州炒飯在香港流行超過半個世紀，據說這是在上世紀三、四十年代，江蘇浙江一帶的商家老闆大舉南下，也帶來了大批的揚州廚師，把江浙的菜式，包括揚州炒飯，帶到了南粵地區和香港。有些廣州人說揚州炒飯是廣州人發明的，此事難以求證，把揚州炒飯中的金華火腿改為廣東叉燒，可能就正是廣州人的傑作。我們沒有資格也不會介入這個"正名"之爭，但是我們覺得"揚州炒飯"之所以出名，不可能只是因為在蛋炒飯中加入了其他材料，因為自古已經有蛋炒飯，也不是揚州獨有的，能夠冠以"揚州炒飯"的菜名，總應該和揚州的歷史有一點關係。

清代乾隆年間，紀曉嵐負責編輯的四庫全書收錄了元末明初陶宗儀編一百二十卷的《説郛》。《説郛》第六十一卷是宋朝陶谷的《清異錄》，在第六十三頁記載着"謝諷食經中略炒五十三種"，其中就有"越國公碎金飯"。謝諷是隋煬帝的尚食長，專門管隋煬帝的飲食，越國公便是權傾天下的楊素。記載中並沒有説明碎金飯是什麼飯，當然也沒有做法，但是從字面上解釋，可能是一種蛋炒飯。能夠冠以"越國公"的菜色，肯定不是一般的蛋炒飯，顧名思義，碎金飯的飯粒應該粒粒像黃金，所以無論在材料，處理方法都會有很嚴格的要求。能夠被隋煬帝的飲食主管列在食經上，説明是皇帝喜愛的食物，揚州是隋煬帝晚年實際上的東都（從前叫江都），是他享樂的地方，碎金飯如果做得不好，有部份的飯沒有沾上雞蛋，那碎金飯就變成碎金碎銀飯，御廚很可能會被殺頭的。如果揚州炒飯是以碎金飯為基礎，而發展成大眾化

揚州炒飯

的菜式，是完全可能和可信的，這是因為揚州具備了其他地方的蛋炒飯沒有的歷史優勢。據說早在清嘉慶年間，揚州知府伊秉綬在他的《留春草堂集》已經記載了揚州炒飯的做法，可惜這本書不容易找到，而他的《留春草堂詩抄》中也沒有任何關於這炒飯的記載。後來伊秉綬父喪丁憂，回到汀州居住。汀州就是在閩西和粵北一帶的地方，揚州炒飯也可能從這裏輾轉傳到廣州的。其實，揚州炒飯是哪一個地方發明的菜式並不重要，最重要的是炒得好吃，這是恆古不變的硬道理。

今天國內揚州炒飯的做法，大概有兩種，一種是蛋炒飯放底，雜料打濕芡在面，有點像今天的福建炒飯，另一種是比較流行的乾炒法，就是香港今天流行的"叉燒版"揚州炒飯。其實蛋炒飯本身已經很好吃，越國公楊素只不過是把它做得更完美而已，這就是用不平凡的方法去處理平凡的菜式的一個最好的例子。揚州炒飯的好處是有炒雞蛋的"香"，如果放入太多材料，會奪去"香"味，再打芡在飯面，更是不倫不類，有點"畫蛇添足"，把揚州炒飯的好處完全抹殺，反而在香港和廣州流行用稍帶甜味的叉燒和鮮味的蝦仁，會更加為揚州炒飯帶來鮮美的味道和更精彩的賣相。

陳家廚坊的做法是以碎金飯的原則做基礎，加上叉燒粒、蝦仁、葱花等材料。我們認為，要讓炒飯能炒到粒粒分開，首先要選好用來炒飯的米。炒飯用的米不能有太大的黏性，因為除非用大量的油，否則很難把飯粒分開。東北大米、台灣蓬萊米、日本米，都是屬於粳米，黏稠度比較大，煮出來的飯比較軟身，也比較黏，最適合用來煮粥、稀飯、壽司等，用來做炒飯，則要多放點油。香港人一般吃的是絲苗米，屬於秈米，黏稠度較低，用來做炒飯最適合。陳家廚坊做的碎金飯，是預先把絲苗米蒸成飯，而不是煮成飯，因為蒸的飯可做到粒粒散開，然後先拌入打勻的雞蛋黃，才在熱鑊溫油中把飯炒好。最後加入其他的配料，便成為粒粒金黃、軟硬適中、香噴噴的揚州炒飯。

材料

絲苗米	1.5杯
大雞蛋	4個
去殼蝦仁	100克
叉燒	100克
葱花	2湯匙
鹽	1茶匙
油	2.5湯匙

材料選購

炒飯的米應該用絲苗米，因為黏性較低。蝦仁最好能用體型較小的河蝦，去殼後要與叉燒粒大小相約。雞蛋盡量買蛋黃比較大的雞蛋。

🕐 準備時間2小時，烹調時間10分鐘

做法

1. 絲苗米先用冷水泡浸1小時以上，瀝乾後，用½湯匙油拌勻。
2. 在蒸隔放上一塊白扣布，把米平均地鋪在布上，用大火把米乾蒸熟(圖1)。
3. 4個雞蛋中，2個雞蛋的蛋白不要，只要蛋黃。4個蛋黃和2個蛋的蛋白加上½茶匙鹽一起打勻。
4. 蝦仁用水焯熟，叉燒切小丁備用。
5. 用筷子把蒸熟的飯弄散，待稍涼後，再慢慢把蛋漿加進飯中(圖2)，同時用筷子拌勻到每一粒飯都被蛋漿完全覆蓋(圖3)。
6. 燒紅鑊，放進2湯匙油，燒到油五成熱成溫油時，熄火(或把鑊離火)，把沾滿蛋漿的飯倒進溫油中，快速的把飯炒鬆，使每一粒飯都沾上油，然後轉中火把飯快炒到乾身。這時，碎金飯已經完成。
7. 加入蝦仁、叉燒和½茶匙鹽一起炒勻。
8. 最後加入葱花兜亂即可。

陳家廚坊 烹調心得

- 乾蒸飯是要令米飯不會吸收太多水份，先用油拌米，容易把每一粒飯分開。
- 如果家裏沒有蒸籠蒸隔，也可以先把米鋪平在大碟子中，加熱開水淹到剛好覆蓋米的表面，再用大火蒸。要留意在蒸米飯的時候，用毛巾把鑊蓋邊和出氣孔塞住，鑊蓋才不會漏蒸汽，否則米飯很難蒸熟。
- 紅鑊溫油放下米飯，是要使在蛋漿熟之前，可有足夠時間使每一粒米飯都能夠被油包圍，而不會黏在一起。
- 用蛋黃的數量比蛋白多是要增加飯的金黃色和香氣，蛋黃越多，炒的飯越香。

洋葱鴨

江浙菜中著名的鴨饌是南京板鴨和鹽水鴨，傳統是要用南京附近地區的麻鴨，體形較小，肉嫩骨細，皮薄少油，可惜在香港市場買不到這種麻鴨，因此我們改為向讀者介紹陳家廚坊的洋葱鴨，這個菜式是我外母大人的家傳江浙菜。

二十多年前在美國父親家中第一次做這個菜，當時我買了一隻美國長島鴨(Long Island Duck)、四個洋葱、一條五花腩，做出來的鴨子不如理想，主要是鴨子吸收的洋葱味不夠。父親指出，洋葱鴨顧名思義是以洋葱味為主，只用四個洋葱來煮體積龐大的長島鴨是不夠的，要調整洋葱對鴨的比例才能取得好的效果。第二次做的時候，用了八個大洋葱，效果果然非常好，洋葱全部融化了，洋葱味則完全被鴨肉吸收了。香港市場賣的鴨子體形比較小，可以調整洋葱的數量。

材料

冰鮮光鴨	1隻
紫洋蔥	6-7個
五花腩一條	約250克
八角	1粒
薑	70克切片
醬油	4湯匙
老抽	1湯匙
鹽	2茶匙
冰糖	40克
啤酒	1罐

材料選購

冰鮮光鴨最好在市場內雞鴨檔口或專賣冰鮮食品的店舖購買，要選體型較大，養殖時間比較長的，鴨味會較好。近來香港市場也出現一種細小的雪藏水鴨，但骨多肉少，只宜燉湯。國內的朋友就比較幸福，大超市都有冷藏鴨髀出售，可買三四隻鴨髀代替買整售光鴨，"啖啖肉"，甚為方便。啤酒可用任何牌子的普通鋁罐裝啤酒。

🕐 準備時間1.5小時，烹調時間2小時

做法

1. 鴨子洗乾淨，用廚剪徹底切去屁股部份的兩粒酥子及多餘肥油，吊起1小時，讓鴨腔裏的血水完全流出。用廚紙把鴨子內外揩乾。
2. 五花腩整條洗乾淨備用，不用切開。
3. 洋蔥去衣後每一個洋蔥切成8大塊。
4. 燒紅鑊下油後改至中火，先把五花腩泡油後整條取出，再放鴨子入鑊，用勺盛滾油慢慢向鴨皮淋下，直到整隻鴨子的皮呈微黃色。鴨子拿出後，把多餘的油盛起，鍋裏只留125毫升油。
5. 把炸過的鴨用水沖洗一會，去掉表面的油，再吊至乾身。
6. 用中火先爆香薑片，再加洋蔥慢炒至微黃。
7. 放入老抽、醬油、糖、鹽、八角及啤酒，大火煮開後放進鴨子，鴨胸向下，五花腩則放旁邊同煮，加125毫升水煮開後蓋上鑊蓋，轉用中小火煮45分鐘後，把鴨子反過來背朝下，再煮45分鐘，取出五花腩。再把鴨子反轉，鴨胸朝下再燜30分鐘，整鴨取出。
8. 此時鴨形仍在，但鴨肉已基本酥爛，甚至可以不用斬件，上桌時只需剪開邊以大盤盛之，五花腩切塊伴碟，把一碗鴨汁連洋蔥打薄芡淋上鴨面即成。

陳家廚坊
烹調心得

- 主角是洋蔥味，鴨子是載體，煮一隻光鴨的話不能夠用少於6個大洋蔥，用紫色洋蔥味道更佳。
- 煮的時候不用放太多糖，因為洋蔥有甜味。
- 薑片吸收了洋蔥醬汁和鴨的味道，特別可口，不要扔掉。愛吃薑的朋友可以多放幾片。
- 愛吃鴨掌者，可在凍肉店買炸過的冰凍鴨掌，汆水後與鴨同煮，其味無窮。鴨掌很易煮爛，在中段取出五花腩時放入鑊中與鴨同煮即可。

白切羊肉

公元1667年，清康熙六年，清政府把當時淮揚地區的江南省分拆為江蘇和安徽兩省，以安慶府和徽州府兩府名稱各取一字，成為安徽省，因此古代之淮揚菜，特別是其中的徐海菜系，亦包括安徽的菜式在內。安徽省內有一座皖山，古代曾有個古皖國，所以安徽省簡稱為皖，但安徽省的傳統菜系卻不稱為皖菜而稱為徽菜，這是因為徽菜的產生和發展，都離不開徽商當年盛極一時的歷史，安徽人到今天都引以為榮。

徽菜起源於南宋時期的徽州地區，徽州人在宋朝已經開始營商，發展到明朝和清朝中期，更是雄霸中國商界，獨領風騷三百多年，被尊稱為徽商。由於徽商長期流通各省各地做生意，所以徽菜一方面保留了徽州地區的傳統地方風味，另一方面也帶來了其他省份的飲食文化，例如北方的麵食和包子，西北的羊，南方的米飯和東北的泡菜文化等

等。徽菜中的白切羊肉，明顯地就是源於中國西北地區回民的手抓羊肉，再經改良配合江南人口味而發展成的菜式，這個菜式在徽菜中的存在，也引證了生活富足的徽商們所重視的食補文化。

陳家廚坊對清水煮羊肉有一家傳秘方，就是在煮羊肉時放入幾粒搗碎了的中國南北杏同煮，據先父特級校對說這是一個宋朝的烹羊秘方，可增加羊肉的鮮味。此方並未收錄在1953年先父著作《食經》中，只是先父對家人的口授。

材料

帶皮羊腩	600克
白胡椒粒	20粒
草果	3粒
薑	30克
京葱	2條
南北杏約	10粒
鹽	1茶匙
蒜茸	1茶匙
黑醋	2湯匙
醬油	2湯匙
花椒油	數滴
麻油	數滴
芫荽	2棵

材料選購

1. 草果(見圖)是一種常見的香料,可除肉類的腥味,在香料店或中藥材店買到。

2. 在香港最好是用新鮮的黑草羊羊腩,可以在清真肉檔或一些牛肉檔買到,價格比冷藏的羊肉貴一些,但口感比較嫩滑,腩間的肥肉也少一些。如果選用的是澳洲、紐西蘭入口的冰凍羊肉,解凍時要浸水1小時,中途兩次換水,要徹底去掉雪味和血水。

🕐 準備時間15分鐘,烹調時間1.5小時

做法

1. 羊腩肉整塊不要切開,洗乾淨後用大火沸水汆過5分鐘,撈起用冷水沖洗後瀝乾,湯水倒掉。

2. 薑切大片稍為拍爛;京葱切長段。

3. 杏仁浸水後搗碎,與白胡椒粒一起用小紗布香料袋裝好。

4. 換一鍋水,放入薑、京葱、草果和杏仁胡椒香料袋,放下汆過水的羊肉,水的份量蓋過材料3厘米左右,加鍋蓋開大火煮沸,轉小火煨煮1小時,熄火加鹽燜半小時開鍋撈起。

5. 用一小碗放入蒜茸、黑醋、醬油、花椒油、麻油等拌勻作為蘸料。

6. 待羊肉稍晾涼,切成條狀放在碟中,上面放上少許洗淨摘好的芫荽,伴以蘸料上菜。

草果

陳家廚坊
烹調心得

• 白切羊肉也可以選用羊後腿,吃時可用刀去骨切成片狀上碟。

• 煮羊腩時先不要切開,是要保持肉質嫩滑。

• 煮羊腩時不要經常打開鍋蓋,以保持熱力。

• 此菜式可作為涼菜食用,也可以溫食。

醋香帶魚

香港人都很熟悉牙帶魚，北方人稱為帶魚，台灣人稱為白帶魚，這是一種陪着我們長大的食用魚，中國的黃海、東海、渤海、南中國海都盛產牙帶魚，但牙帶魚的數目已日益減少，幸喜至今未曾絕種，看來亦不會絕種，不像大黃花魚，再也難以買得到了。不過，傳說近年有商人在用牙帶魚的鱗來做人造珍珠，希望將來帶魚不要因此而絕種就好了。

牙帶魚的英文名是 Ribbon Fish，魚如其名，銀白色的長條，就是絲帶魚的意思。牙帶魚價廉物美，刺少內臟少，老少咸宜，是很適合做家常菜的魚類，而且牙帶魚營養豐富，含高蛋白質、鈣質、磷質、鐵質和碘質，中醫認為多吃牙帶能祛風，補五臟，特別是對脾胃虛弱和消化不良的人最適合多吃。牙帶含豐富維他命A，對滋潤皮膚有很好的作用。

在中國包括台灣很多大小餐館的菜牌中，都有紅燒帶魚這味菜式，而台灣的做法深受日本影響，我在台北市天母就吃過做得很好的鹽燒帶魚。廣東潮州汕頭一帶也盛產牙帶，潮州菜中就有一些傳統的帶魚菜式，例如牙帶的魚飯（冷吃烚牙帶）、煎封牙帶、鹹菜煮牙帶、香煎牙帶等等，多為香港人熟悉。而浙江的家常帶魚菜式就有煎煮鹹帶魚豆腐、糟香帶魚和我們以下介紹的醋香帶魚。

材料

帶魚	600克
鹽	1茶匙
蒜頭	2瓣
胡椒粉	½茶匙
葱	2根
薑	4片
淡口醬油	1湯匙
鎮江醋	3湯匙
紹興酒	1茶匙
糖	2茶匙
花椒油	½茶匙
麻油	少許
油	500毫升

材料選購

市場上可以買到的帶魚有兩種，一種較大，魚身寬，約有5-6厘米，應該是來自東南亞，另外的一種窄身，約3厘米，來自中國大陸沿海。兩種都可以用。

🕐 醃製時間30分鐘，烹調時間10分鐘

做法

1. 帶魚切去頭尾，洗淨，切成約10厘米段，在魚段的兩邊各切兩刀，用鹽和胡椒粉醃半小時，用廚紙吸乾水份，炸前拍上生粉。
2. 薑、葱切絲，蒜頭切片。
3. 大火煮滾炸油，放入帶魚段炸至金黃色取出，倒出炸油。
4. 鑊中留少許油，爆炒薑絲和蒜片，放入帶魚，瓚入紹興酒，再放入葱絲、醬油、花椒油、醋和糖，稍為燴煮至收乾汁。
5. 最後淋上麻油炒勻即成。

陳家廚坊
烹調心得

- 炸帶魚前拍上生粉（或乾麵粉），是起吸濕作用，保持魚皮的完整。
- 炸帶魚要有足量的炸油，加熱至油開時才下魚，然後再提高油溫，這樣會幫助辟除腥味。

葱燶黃魚

在香港一般的食肆中，很少在餐牌中使用"燶"字，香港的江浙餐館多數有"葱燒黃魚"，只有少部份有"葱燶黃魚"。"燶"是中華烹調三十六法中的其中一法，中國很多省份的菜式都有採用"燶"的烹調法。"燶"的做法與"燒"和"煨"的做法相似，都是將材料經過炸或煎香後，用汁水或上湯把材料煮到入味或熟爛，再收乾汁。所謂"燒"法，不同之處在於小火煮到一定程度就埋芡收汁，香港的江浙餐館"葱燒黃魚"一般是這種做法，也可能有些是受了粵菜影響的餐館做法。而正宗烹調中的"燶"是不埋芡的，是以大火收汁。"燶"要採用可以慢煮繼而大火收汁的材料，例如鴨、雞、肉、魚、冬筍等等，也就是要採用不太容易"出水"的材料，如果容易"出水"的材料，例如豆腐、海參等，就適宜用"燒"，而用"煨"的做法則多用於更難煮爛的材料，例如豬腳、元蹄、牛腩、牛脹、羊肉等等，掌握的火候和煮的時間與"燶"和"燒"都有所不同。

材料

黃花魚一條	約500克
生抽	1茶匙
老抽	1茶匙
糖	1茶匙
葱	6條
薑絲	1湯匙
薑汁	1湯匙
紹興酒	1湯匙
清水	125毫升
麻油	½茶匙

材料選購

如果要照以下方法處理黃花魚取內臟的方法，購買的時候就要提醒魚店只打魚鱗去鰓，不要開膛取內臟。

🕐 準備時間40分鐘，烹調時間30分鐘

做法

1. 黃花魚去鱗去鰓，在肛門位置橫切一刀口（見圖1），再用兩根筷子用魚頭中插入（見圖2），夾緊魚鰾和內臟向上旋轉抽出，再把魚身和肚內沖洗乾淨瀝乾，斜刀在兩邊魚身上輕別三刀備用。

2. 把糖溶在生抽和老抽中與薑汁拌勻，抹勻魚身，醃30分鐘。
3. 葱切段，葱白拍扁。
4. 黃花魚用廚紙印乾醃汁，用油炸至金黃取出。醃汁留用。
5. 鍋中留1湯匙炸油，用中火炒香葱段和薑絲，放入炸好的黃花魚，在鍋邊徐徐灒入紹興酒，加入醃黃花魚的醃汁和125毫升清水，加蓋用大火燒開，再轉小火煨煮5分鐘後，把魚身反轉另一面，再煮10分鐘。
6. 打開鍋蓋加入麻油，大火收汁即成。

陳家廚坊 烹調心得

黃花魚體內有個充氣的魚鰾，所以魚肚部份肉比較薄，如果開膛取臟的話，魚肚部份在煎炸時很容易弄爛。而且由於黃花魚內臟不多，用筷子旋轉抽出也比較容易，這樣能保持魚身的完整，但不要忘記先要在肚下切一小刀口，否則就比較難一次過抽出內臟和魚鰾。

糟熘魚片

香港的江浙菜館和北京菜館，"糟熘魚片"這個菜式都很受食客歡迎，幾十年來歷久不衰，從來都是本地食客點的例牌菜之一。"熘"這個做法，使人聯想到"蹓"，當然表示的是快手快腳之意。"熘"就是先把食材嫩油泡熟，或脆炸至熟，同時另起鍋煮好各種芡汁，把食材快速倒入芡汁中一拌即起，或者乾脆是把芡汁淋上食材上即完成。常見的熘煮法有滑熘、醋熘、軟熘、糟熘等，味道各有不同，但都同樣是用大火快速兜煮芡汁而成，目的是要求材料保持鮮嫩軟滑的特色。而糟熘，就是在用來"熘"魚片的芡汁中，加入了香糟的意思。

從前，糟熘魚片的魚，多選用大黃花魚起肉，但自從大黃花魚幾乎從地球上絕種後，一般香港的菜館就用入口鱈魚代替，但鱈魚油份十分高，比較油膩。我們則建議用青衣，因為青衣肉質嫩滑，肉厚骨少，顏色雪白，很適合做糟熘魚片。

材料

冷藏青衣魚肉	250克
筍片	20克
乾木耳	5克
蛋白	2個
生粉	1湯匙
白酒糟	3湯匙
紹興酒	1湯匙
清水	125毫升
薑汁	1湯匙
鹽	½茶匙
糖	2茶匙
油	250毫升

材料選購
冷藏青衣魚肉和塑料盒裝的白酒糟在大型超市都有售。

🕐 準備時間15分鐘，烹調時間15分鐘

做法

1. 青衣魚肉解凍後用水沖洗乾淨，用廚紙吸乾水份，切成厚片，用蛋白和½湯匙生粉醃半小時備用。
2. 3湯匙白酒糟用攪拌機打碎成香糟汁。
3. 乾木耳浸發後去硬蒂，撕成小塊，筍片用水灼熟備用。
4. 用250毫升油，中火燒至五成熱，放入醃好的青衣肉，用小火泡浸至七、八成熟，撈出備用。鍋中留約1湯匙油，其餘倒出。
5. 大火起油鍋，爆炒木耳和筍片，灒紹興酒，再加入薑汁、鹽、糖、香糟汁、清水一起煮沸，倒入青衣肉，快速兜炒及用½湯匙生粉打芡，立即取出上碟。

- 青衣肉泡嫩油時不要太多攪動，以免弄散魚肉，更不要泡得過熟。
- 也可用清水代替清雞湯，但記得要加鹽的份量。
- 這是一個芡汁比較多的菜式，不要大火收乾汁。
- 如果想要這個菜式的顏色更明亮，在打芡時可採用濕太白粉（土豆粉，澱粉的種類可
  參考第115頁），另一方法是在打芡後快速再加一些熟油才上碟，是菜館常用的方法。

金銀肘子

1978年父親特級校對68歲，是他生命中最後的二十年的開始，也是他一生中最舒服寫意的時候。五個兒女都有自己的事業，又新當了爺爺，身體健康，朋友眾多，講飲講食，又經常與夫人到全世界各地旅行。這一個時期，是他創意最高的時候，新的菜式如翅中瓜、假禾蟲、大地魚焗四季豆、金銀肘子等都是這個時期的產物，其中以金銀肘子為他最得意之作之一。

78年大姐姐從美國首都華盛頓帶來了一隻維珍尼亞火腿（簡稱維腿），是在維珍尼亞州的Smithfield鎮的出品，也叫Smithfield Ham。Smithfield製作火腿已經有百年歷史，製品有點像金華火腿和雲南宣威火腿，在美國常作為金華火腿和雲腿的代用品。父親把維腿鋸開為小塊分贈朋友，部份留下準備試驗新菜式。父親年紀大，睡眠少，半夜睡不着時便起來到廚房裏搞他的新菜式，金銀肘子便是這個時候創造出來的。

所有在美國住過的華人都知道美國的豬肉不好吃，可能是豬種和飼料的關係，肉味有點臊，但是金銀肘子卻把這個缺陷改正過來。豬肉吸收了火腿的味道後提升了鮮味，除掉了臊味，而火腿的鹹味減少了，但無損它的甘味。陳家廚坊的金銀肘子完全不放鹽或醬油，全單靠火腿的原味，而且肥而不膩，酥而不爛，是一個家常或宴客的好菜式。

材料

無骨肘子....一個(約600克)

火腿火膧 200克

冰糖 10克

小棠菜(上海青)....300克

麻油 .... 少許

材料選購

肘子不等於是圓蹄,圓蹄是盤骨往大腿上方的部份,而肘子是大腿中斷開始到豬蹄往上15厘米之間的10到12厘米長的一段,可以請店員把皮上的毛燒刮乾淨和剔骨,但不要把豬皮弄破。應該選用金華火腿火膧部份(亦即肘子),顏色要鮮艷,如果顏色暗啞就代表火腿已經太舊。如果沒有金華火腿,可以用雲腿代替。

🕐 準備時間1.5小時,烹調時間4小時

做法

1. 把火腿在清水裏泡1小時,再用刷子把表皮的醃料刷洗掉,瀝乾,連皮切片備用。
2. 把火腿片和冰糖塞進肘子中原來骨頭的位置到塞滿為止。
3. 用一根洗乾淨的棉繩把肘子捆好,以免燉的時候肘子裂開(見圖1)。

4. 把整個肘子放進大碗,加清水到完全覆蓋肘子,蓋上碗用慢火燉4小時。

5. 把洗淨的小棠菜汆水後,鋪在碟子上,菜頭朝外。肘子燉好後拿出放碟子中(見圖2),剪斷及拿走棉繩(見圖3)。
6. 用大火把一杯燉肘子汁燒開收汁到稠,加麻油淋在肘子和小棠菜上。
7. 上桌後可用廚剪或刀把肘子切開成小塊。

陳家廚坊
烹調心得

- 因為肘子裏空間有限,塞不進去的火腿可以放在肘子外同煮,但是這樣放在清水中煮的火腿片會變得較"柴",不宜進食,但也能為肘子帶來更多火腿的香味。
- 不要把肘子塞得太滿,因為經過幾個小時的燉,肘子皮會變得很軟,容易破裂,肘子便不能保持形狀,上碟就不好看了。

認識金華火腿

　　火腿的製造在金華地區已有一千多年的歷史，據說在唐代已經有記載，但是聲名大噪卻是在北宋年間。相傳是北宋名將宗澤有一次上京的時候把家鄉醃的鹹豬腿帶在路上，經過風吹日曬，鹹豬腿竟然發了霉，豬皮上產生了厚厚的一層霉。宗澤捨不得把鹹豬腿丟掉，把豬皮上厚厚的一層霉刮掉，清洗乾淨。切開後發現豬腿蒸熟後味道甘香無比，顏色更鮮紅似火，於是便把這發了霉的鹹豬腿叫"火腿"。宗澤是浙江義烏人，按道理應該叫義烏火腿，但是因為當時義烏是小地方，相對起來金華則算得上是大地方，所以後來火腿在當地普及後，便變成了金華火腿。

　　傳統的金華火腿用的原料是金華豬，也叫"兩頭烏"，是一種皮薄骨細的豬種。醃製火腿用的是豬的後腿，用豬前腿醃製的則成為風腿。醃製好的金華火腿皮面上呈金黃色，瘦肉部份呈玫瑰紅色，脂肪潔白，熟製後成半透明，晶瑩剔透。

　　火腿可以分成五個部份(見圖)：火爪、火膧、上方、中方和油頭(或稱滴油)。火爪和火膧脂肪層薄，油份不多，醃製後比較乾，只能用來熬湯或連皮燉。越是往下，油份越重。整隻火腿以上方部份為最佳，中方次之，油頭因為油味較重(在火腿醃製時處於最下方)更淪為再次。上方又分作雌雄(見圖)，其中又以雄的部份顏色較淡，肉質為最好，雌的部份顏色較深，肉質亦次之。

　　在選購火腿的時候，如果要做的菜餚需要大塊的火腿，例如蜜汁火方，最好是上方雄的部份，其次才是雌的部份。如果只是需要切成厚片的，可以採用上方雌的部份。中方可以用來切薄片入饌；油頭則只能作為切絲之用。

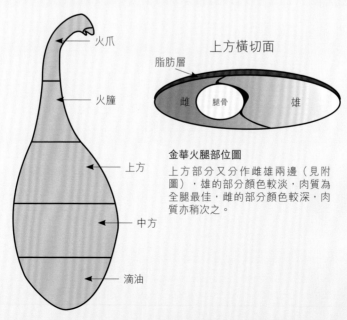

上方橫切面

脂肪層

雌　腿骨　雄

火爪

火膧

上方

中方

滴油

金華火腿部位圖
上方部分又分作雌雄兩邊（見附圖），雄的部分顏色較淡，肉質為全腿最佳，雌的部分顏色較深，肉質亦稍次之。

無錫肉骨頭

不知是什麼人在什麼時候，把這個菜式冠以"無錫肉骨頭"的名稱，其實如果你去到無錫市，這個菜式叫做醬肋排，出名的是無錫三鳳橋的醬肋排，但作為包裝食品出售的話，卻又都稱為：無錫肉骨頭，可能因為除無錫以外的人都稱之為無錫肉骨頭吧。

大凡一個出名的菜式，總會帶有一個有趣的故事、神話、傳說，有些是根據歷史記載而產生的，有些是和出名人士有關的趣事，當然也有很多是荒誕不經的。儘管如此，這些故事、神話、傳說往往帶着有點可供參考的元素在內。有關無錫肉骨頭有很多傳說，其中一個傳說大概是這樣的：

無錫城內有一座大石橋，橋墩下有一個多年前不知何人丟下的石臼，裏面堆滿了垃圾，長滿了青苔，也無人注意。橋邊有一家豆腐店，老夫妻兩人靠賣豆腐維生。有一天，一個從江西來的人坐的小船經過這座橋底，無意中發現這個破石臼，看出是一個寶貝，他慌忙上岸，到豆腐店裏打聽着石臼是誰家的。老頭兒説："這是我太公那一輩兒丟在這兒的呢。"江西人一聽，忙摸出兩塊銀子朝桌上一放，説："我出五百兩紋銀，買你這破石臼。今天先付十兩定金，十天後我帶足銀子來取貨。"老頭子嚇了一大跳，就這麼一個破爛貨，值這麼多錢，這真是天上掉下來的銀子。和老妻商量，既然人家花那麼多錢買這個石臼，我們把它刷洗乾淨給人家吧。十天後江西人回來帶了銀子來取貨，一見石臼已經洗乾淨了，嘆息着告訴老頭兒這個石臼他不買了，請把定金退還吧。原來他看中的不是石臼，而是石臼裏面沾了仙氣的寶貝垃圾。老頭兒無奈，只能把定金還給人家。納悶之下，老頭兒叫老婆買些排骨來燉着吃喝酒解悶，老婆婆買了些豬肋排，把鍋刷洗乾淨，燉起肋排骨來。肋排燉好了，特別香，老頭兒吃了一口，便説從來沒有吃過這麼好的排骨。原來老婆婆用來洗刷鍋的是洗刷石臼的刷，上面還留了一些石臼中的垃圾，洗刷的時候，可能是把仙氣帶到鍋裏。兩夫妻合計下，把鍋裏煮肋排的醬留起，用來醃肋排，每一次都留起一部份醬汁，煮出來的醬肋排果然美味非常。後來乾脆關了豆腐店，開起醬肋排店來。

無錫肉骨頭

這個故事雖然荒誕不經，可是也帶出來一個中國菜的傳統，就是非常重視醬料在醃製中的作用，就像做得好的滷水，往往保留着一份滷水的種，而且一代傳一代，成為百年滷水。話說這個故事發生的那一座橋便是三鳳橋，也可能是現在仍位於三鳳橋的菜館傳出來的故事。

無錫肉骨頭的味道是要內鹹外甜，做得好的無錫肉骨頭肉酥而味濃，沒有肥膩的口感，甜中帶鹹，顏色亮麗，是一道非常好的佐飯菜，也可以作為下酒的小食。

材料

排骨	600克
鹽	2茶匙
紹興酒	½杯
醬油	1湯匙
冰糖	30克
八角	1粒
肉桂粉	½茶匙
紅麴米	1茶匙
京葱	2條切段
薑	6片

材料選購

排骨要買一字肋排，即每塊排骨中間都有一條骨穿過，最好能買香港俗稱的金沙骨，肉質比較嫩，而且肥瘦適中。

紅麴米（見圖）可以在南貨店買到。

大葱即京葱，但請不要用廣東小葱代替（葱的種類可參閱第113頁）。

準備時間：醃過夜，烹調時間2小時

做法

1. 肋排切成每條約5至6厘米長，洗淨後用廚紙吸乾水份，用鹽醃一個晚上後，用清水把肋排的鹽份沖洗掉。

2. 大火煮沸半鍋水，把醃過的肋排在大沸水中氽2分鐘撈起，用清水沖洗2分鐘瀝乾。氽過肋排的水倒去不要。

3. 把八角和紅麴米用小香料紗布袋包好備用。

4. 用一個中小口徑的不沾鍋或砂鍋，把薑片和葱段排在鍋底，上面排上肋排，把紹興酒、肉桂粉和香料包放入，加清水浸過材料，用大火煮5分鐘後，再加入醬油和冰糖，轉小火加蓋燜煮約兩小時至醬汁濃稠熄火，香料包丟掉。

5. 把肋排及薑葱拿出排好在碟上，把鍋底的濃汁淋在上面即成。

紅麴米

陳家廚坊 烹調心得

- 無錫肉骨頭可作為冷吃，也可以熱吃，醬汁濃稠，但不應該埋芡。

- 轉到砂鍋中燜煮時，因為已加入冰糖，水太少就很容易煮焦和沾鍋，所以要記得每半小時翻動一下肋排及檢查水份。

- 肋排用鹽醃過夜，是要先用鹽來提升肉的鮮味，而且醃過的肉會呈紅色，加入紅麴米，是要使肋排的顏色更紅更亮麗，這是無錫肉骨頭的特色風味。

- 此菜式的特點是有肉桂的味道，如果不放肉桂粉的話，這道菜就是普通的燜排骨了，但肉桂粉不能加得太多，否則醬汁味道會變苦。

寧波蝦醬五花腩

蝦醬是南方人特別是沿海的南方人喜愛的醬料。在香港本土旅行，到海邊的旅遊點像大澳、長洲、流浮山等地，免不了滿鼻子都是鹹魚、蝦醬的味道。如果到泰國旅行，也免不了點一道"飛天通菜"，即蝦醬炒通菜，此菜式是否由潮汕華僑傳到泰國，就無從稽考了。其實蝦醬並不是我國南方獨有之物，在我國的沿海從海南島到遼寧省，只要有海產工業的地方，便會有蝦醬的製作，做法大同小異，只是口味略有所不同。浙江省位於我國最東面的海邊，擁有很長的海岸線，海產非常豐富，寧波市是浙江最重要的漁港，蝦醬是寧波地區其中的一種著名的土特產食品，讀者如果去寧波旅行，不妨買寧波蝦醬試試。

寧波蝦醬五花腩是浙江名菜，做法和香港的鹹蝦蒸豬肉略有不同，特別的地方是加了鮮蝦茸，使味道更鮮美，傳統的做法在肉底放了豆腐皮來吸收美味的醬汁，也是一個很聰明的做法，但我們後來把豆腐皮改為豆腐泡，發現更能入味。在香港買不到正宗的寧波蝦醬，只能用其他本地蝦膏或蝦醬代替，但是同樣的惹味可口，令人胃口大開，很值得讀者一試。

材料

五花腩	300克
豆腐泡	10個
鮮蝦肉	50克
肥豬肉	10克
蝦醬	1.5湯匙
薑汁	1湯匙
白糖	1湯匙
紹興酒	1湯匙
生粉	1湯匙
葱花	少許

材料選購

沒有寧波蝦醬，用香港買得到的蝦膏或普通瓶裝蝦醬代替。

🕐 準備時間40分鐘，烹調時間20分鐘

做法 ....

1. 五花腩切½厘米厚片，洗淨瀝乾水備用。
2. 鮮蝦肉洗淨瀝乾剁碎成蝦茸，豆腐泡一分為二剪成兩邊。
3. 將少許肥豬肉洗淨瀝乾剁碎，加入蝦茸中拌勻。
4. 將蝦醬、蝦茸、白糖、紹興酒、薑汁、生粉一起拌勻，加入五花腩中醃半小時。
5. 豆腐泡排好鋪在碟底，將醃好的五花腩排在豆腐皮上面，把醃肉的汁倒在五花腩上，隔水蒸20分鐘。
6. 最後灑上葱花即成。

陳家廚坊
烹調心得

- 新鮮的五花腩要切片很難切得整齊，因為肥瘦肉的軟硬不同，受刀的力度也不一。要切得好看，可以先把五花腩放在冰箱的冰格裏半天，使肉有一定的硬度，切的時候便可較準確地掌握力度和角度。
- 帶皮的玻璃肉爽而不膩，用來代替五花腩也是一個很好的選擇。三層肉是另外一個選擇。
- 香港有很多不同品牌的瓶裝蝦醬，其含鹽的程度都不同，讀者要試幾次後自行調整蝦醬和糖的份量。

紹興霉乾菜扣腩肉

霉乾菜(又名：烏乾菜)是浙江省紹興傳統的副食品，生產歷史悠久，在清代時作為貢品，是紹興的八大貢品之一。霉乾菜和客家梅菜不同，原材料和工藝都不一樣，霉乾菜的香味比客家梅菜濃，甜度則不及客家梅菜。

十多年前我們家住北京，有一次到上海出差，在當地的梅龍鎮菜館吃到一種包子叫乾菜包，包子內沒有肉，只有霉乾菜，但是入口甘香無比，非常可口。回北京前還特地到梅龍鎮打包了十幾個乾菜包，帶回去與家人分享。四年前我們重遊上海，再到梅龍鎮菜館，想重溫當年乾菜包的滋味，很可惜他們已經不做這種乾菜包了。後來在路旁的一家賣包子的小店，看到有賣豬肉乾菜包，很高興的買了幾個回酒店吃，但是卻完全不是以前傳統乾菜包的那種味道。

紹興霉乾菜燜肉是很受歡迎的江浙名菜，據說魯迅和周恩來都很喜歡吃，1972年美國總統尼克松曾到訪杭州，對這個菜讚不絕口。

中菜烹調中的"扣"法，是將切好的材料加味後排在碗中，加蓋隔水燉至酥爛，然後倒扣在碟中上菜。因此，以下介紹的紹興霉乾菜燜肉，陳家廚坊將之正名為"紹興霉乾菜扣腩肉"。

材料

豬五花腩肉	350克
霉乾菜	60克
白糖	3湯匙
高粱酒	½湯匙
八角	1粒
薑	8片薄切

材料選購

霉乾菜(見圖)是紹興地區的
農家醃菜,口感和味道與廣
東惠州梅菜都不同。香港的
南貨店有出售這種霉乾菜,
一般是用雪裏蕻醃製的,每
包120克可分兩次用。

霉乾菜

陳家廚坊
烹調心得

- 如果豬肉汆水的汆煮時間稍長一點,把五花腩煮到六成
  熟,會較容易切得整齊一些。五花腩的深色瘦肉部份在經長時間煮
  後,口感會很"柴",所以要切走,切走的瘦肉可留作他用。
- 霉乾菜需要很多油,光是五花肉是不夠的,所以要多加些油。
- 霉乾菜較鹹,不需要放醬油,喜歡濃味的話,可在豬肉汆水後拌半茶匙幼鹽。多放
  白糖會使味道更佳。
- 較地道的江浙吃法是在上桌前再噴上少許高粱酒,更有風味。

🕐 準備時間15分鐘，烹調時間5-6小時

做法‧‧

1. 五花腩肉皮朝下放在砧板上，用刀割去最上面的深色瘦肉不要（淨肉約300克），把五花腩肉洗淨，放入沸水中大火汆後撈起，用清水沖1分鐘後瀝乾，切成約5至6厘米寬 x ½ 厘米厚的肉片備用。

2. 霉乾菜用清水洗淨，瀝乾後切碎，用3湯匙糖和半湯匙高粱酒拌勻，再拌入3湯匙熟油。

3. 取一大碗，把五花肉排在碗底，霉乾菜鋪在碗底的肉上，再放上薑片，用手輕輕壓實，再鋪上錫紙密封，大火蒸4小時。

4. 上菜時把錫紙揭走（見圖1），先把肉汁倒出（見圖2），再反轉大碗把霉乾菜和五花肉倒扣在碟上（見圖3、4），再把肉汁倒回碟中即成。

文思豆腐羹

在揚州市出了史公祠（史可法紀念館）往西走約兩百米，便到了著名的天寧寺（見圖），寺前是古運河的支渠，風景很美，有一個當年康熙皇帝南巡時上岸的御碼頭，很能引起發思古之幽情。天寧寺建於一千六百多年前，為揚州第一古刹，多年來經過多次衰敗、修復，最後在二十世紀還是毀於戰火，儘管後來作了重建，但已經不是原來的寺廟，也無復當年的建築規模了，現在成了中國揚州佛教文化博物館。到天寧寺的目的是要感受一下文思和尚當年居住和清修的環境，遺憾的是，當年文思和尚居住的西園下院，現在已經成為西園大酒店了。

"文思豆腐羹"是揚州的傳統名菜，至今已有300多年的歷史。根據清代李鬥（1749-1817）在揚州三十多年的所看所聞而著成的《揚州畫舫錄》裏第四卷的記載，天寧寺西園下院住了一個叫文思的和尚，很會作詩，又善做豆腐羹和甜漿粥，他做的豆腐羹叫文思豆腐羹。當時他做的文思豆腐羹據説是先用當地的金針菜、木耳等原料煮成湯，然後把嫩豆腐切成髮絲般粗細的豆腐絲放到湯中，滋味異常鮮美。

揚州天寧寺

《揚州畫舫錄》記錄了當時的滿漢席：第一份頭號五簋碗十件，第二份二號五簋碗十件，第三份細白羹碗十件，第四份毛血盤二十件，第五份洋碟二十件。文思豆腐羹便是在第三份細白羹裏的一道菜。

當年和尚做的文思豆腐羹是一道素菜，味道比較清淡，今天餐館的做法是以雞湯為主，加上其他作料如香菇、木耳、金針、筍切成絲後加進雞湯裏，以更適合現代人的口味。但是我們認為原來的文思豆腐的好處不光是細緻的豆腐刀工，而且是一道清淡可口的素湯羹，既能吃到清香的素材料味道，又能感受到豆腐的細膩嫩滑，在今天以濃味肉食為主的飲食習慣中，能夠換換口味，吃一回素淨，也未嘗不是一件好事。當然，有些朋友可能覺得素湯味道太"寡"，那麼也可以用雞湯來配文思豆腐，甚至把文思豆腐做甜品，濃淡之間，鹹甜之間，任君發揮。本書介紹的兩個做法，第一個是文思豆腐素湯，第二個是甜食的文思豆腐南瓜露，不喜歡吃素的朋友可以把文思豆腐素湯換成雞湯。不過，最要緊的還是保留了文思豆腐與眾不同的特色：切成白髮絲般的嫩豆腐。

在體驗做文思豆腐羹的過程中，我忽然感覺到有一些修禪的味道。第一次做的時候，戰戰兢兢的拿着刀一下一下的把豆腐切片，盡量要求達到每一片都是同一樣的厚度的薄，總希望切出來的豆腐絲細如髮絲，小心翼翼，結果當然不如理想。不但每一根豆腐絲都是粗如火柴，而且粗細不一，部份豆腐竟然切不斷。到做了多次後，不知不覺間，忘記去注意所切的豆腐厚薄粗細，甚至沒有看下刀的地方，只是憑感覺把一塊豆腐從一端切到另一端，耳邊只有木砧板 "篤、篤、篤…." 的有秩序的響聲，很像和尚敲木魚的聲音。結果是豆腐絲越切越細，而且粗細均勻，真的有點像髮絲，起碼比牙籤還細。此間心中釋然悟道，原來這正有點像和尚教徒弟射箭，越是瞄準靶子，越是難射中，要做到眼中無靶，心中亦無靶，無得亦無失，才能算是修禪。想起當年文思和尚，可能就是天天 "篤、篤、篤…."，以刀切豆腐絲來做修禪的途徑。

文思豆腐羹

香港一般的江浙菜館很少做文思豆腐羹這個菜，因為刀工要求高，又耗工時，在揚州市賣這個菜的餐館也已經不多，但文思豆腐羹確是一道賣相清雅出眾、美味健康、價廉物美的菜式。每當我家請客上這道菜時，朋友們總是看着豆腐絲嘖嘖稱奇，無法相信嫩豆腐可以切成一盤幼絲而不糊爛。

有次去好友嚴浩家聚會，我帶了材料去教座中兩位女士做文思豆腐，她們起初十分緊張，但半塊豆腐下來，便已基本上掌握了做法。她們倆在廚房練習，我則在客廳裏聽着廚房傳來刀砍在砧板上的聲音。開始時刀聲時快時慢，有輕有重，慢慢的刀聲變得又密有平均，證明她們的"刀法"漸入佳境。

以下介紹的文思豆腐做法，是我們陳家廚坊的獨創刀法，與國內一些廚師在水中表演切豆腐絲的方法不同。我們的做法比較簡單易學，讀者只要細心閱讀以下介紹的方法，留意烹調心得中的細節，耐心跟着學做，練習多了就一定會成功，到時你的家人和朋友也一定會大開眼界，對你羨慕不己。

陳家廚坊
烹調心得

- 切豆腐用的菜刀刀鋒一定要平口的，不能用彎刀口的刀，
  最適合的是傳統的中國菜刀而且必需要用比較有重量的刀，切文思豆腐
  的細絲時刀法很特別，用刀是要向上提刀，刀鋒就勢跌下直切，不能拉刀或推刀。
- 用的砧板也要求很平，否則豆腐一刀切不斷。
- 豆腐越厚，越難切得厚薄平均，把豆腐上下切成三塊是要降低厚度，切的時候較容易切得薄。有了經驗後，可把豆腐切成兩塊，以加快切絲的速度。
- 在切薄片以前豆腐上放上一點水，是要是豆腐片不黏刀。
- 切豆腐絲的時候，最要緊的是每一次下刀都要與前一刀平行，不然會把前面的豆腐絲切斷。在切絲前把豆腐片掃平是要減低豆腐的厚度，切絲的時候刀不用提得太高，比較容易控制下刀的準確性。
- 切的時候應該用刀鋒的前面部份，如是用右手拿刀，可以用左手輕輕挨着刀的前端，以協助穩定刀身。職業廚師一般用刀鋒的中間部份切豆腐，而且是單手拿刀。但是家庭廚師可以用雙手，一手拿操刀，一手輔助，使刀不至於左右擺動。切的時候要注意安全，把左手斜放(見圖6、8)離開刀鋒。到了刀法純熟時，便可以像職業廚師一樣單手拿刀操作。
- 用刀的前段下刀，是因為拿刀的手可以動得最少，同時利用刀的重量把豆腐切斷。
- 盛豆腐絲的碗越大越好，冷水要夠多，否則豆腐絲在碗中不能散開。
- 豆腐越嫩，越能切得細。

🕐 切豆腐時間15分鐘

文思豆腐刀法 ··

1. 撕去豆腐盒上的塑料膜,用手把盒
   的四面輕輕往外拉,使豆腐離開塑
   料盒的四邊(見圖1),然後把塑料
   盒翻過來放在砧板上,再輕輕壓盒
   底,使整塊豆腐脱離塑料盒滑到砧
   板上(見圖2)。

2. 先把嫩豆腐在中間切成兩個四方塊
   (見圖3),再把每一塊的頂層和四
   邊不平的表面削平(見圖4),然後
   把每一四方塊切開成上下相等的三
   塊(見圖5),即共六塊。

3. 在每一塊豆腐上放一點水後,垂直
   把豆腐切成薄片(見圖6),輕輕把
   薄片推平(見圖7),然後在豆腐片
   上加水,用左手輕扶刀前,右手用
   菜刀的前段把豆腐片切成細絲(見
   圖8)。

4. 把切好的細絲放在大碗的冷開水裏
   (見圖9),用筷子輕輕把細絲打散
   (見圖10)。

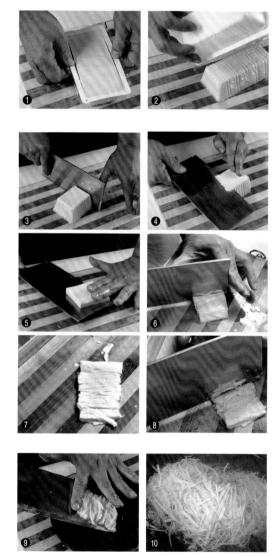

文思豆腐素湯

這個湯選擇了用大豆芽和草菇是因為兩種食材都是最普通不過的材料，很符合"素"的概念，而且大豆芽熬的湯很鮮甜，加上草菇乾的香味和豆腐的嫩滑，便能做成具有鮮甜、香、滑的湯。

材料

嫩豆腐.................... 300克

（一盒嫩豆腐的份量）

大豆芽.................... 500克

草菇乾.................... 6-8片

薑.................................. 2片

鹽............................... 少許

糖............................... 少許

麻油.......................... 少許

材料選購

豆腐最好在超市買盒裝的蒸煮滑豆腐。草菇乾在一般的乾貨店能買到。如果能買到旱大豆芽最好，因為旱種的大豆芽吸收泥土中的營養後，味道要比水發的大豆芽更甜。

🕐 準備時間15分鐘，烹調時間2小時

做法

1. 文思豆腐照上文處理好備用。
2. 把草菇乾泡軟後洗淨瀝乾，大豆芽用清水泡乾淨撈出瀝乾備用。
3. 在鍋中放約2公升清水，加入大豆芽和草菇乾，煮沸後轉小火煮2小時。湯過濾後留用。
4. 把素湯煮沸後加鹽、糖調味。把湯倒在大碗中。
5. 把豆腐絲用筷子從水中撈出，輕輕放進湯裏。
6. 後滴上麻油即成。

陳家廚坊
烹調心得

- 用筷子撈出豆腐絲是要避免把切碎的豆腐撈到湯裏，影響賣相。
- 用馬蹄粉勾芡是因為馬蹄粉是澱粉中最適合均勻地把湯煮稠成羹，而不會在湯中凝結成一團一團的澱粉。既然是羹湯，埋芡是必然的，但芡不能太厚。如果像酸辣湯那麼多作料，湯可以稠一點，因為有作料承載着芡糊，但是像文思豆腐羹，豆腐絲似有似無，芡太稠的話湯會變了一鍋漿糊。
- 一盒300克的嫩豆腐便可以做成四到八人份量的湯羹。
- 大豆芽和草菇乾在煮湯後不要丟掉，可以在瀝乾湯水後拌上醬油和麻油，愛吃辣的朋友可以加點辣椒油，拌勻後又是一味清爽的素涼菜。

文思豆腐南瓜露

選擇南瓜是因為南瓜既好吃，又好看，四季都有供應。南瓜含豐富的胡蘿蔔素和多種維生素和氨基酸及多種礦物質，低碳水化合物，無膽固醇，符合現代健康食品的理念，對糖尿病患者更是一種有益的食品。南瓜本身已經很甜，不放糖也很好吃。

材料

嫩豆腐.................. 300克

南瓜 500克

冰糖 40克

材料選購
建議選購日本南瓜

🕐 準備時間15分鐘，烹調時間15分鐘

做法

1. 文思豆腐用冷開水冲乾淨後按上文切絲，再放入大碗冷開水中。
2. 把南瓜削皮，去核，切成小塊，蒸約15分鐘後放在攪拌機內。
3. 加水三杯，攪拌成南瓜露。
4. 把南瓜露煮沸，用勺子把泡沫撇走，再加冰糖調味，放入碗中.
5. 用筷子把豆腐絲挑起，放進碗裏，再輕輕把豆腐絲打散。
6. 文思豆腐南瓜露可以冷吃或熱吃。上桌時不用加任何調味品。

陳家廚坊
烹調心得

• 南瓜要先蒸熟然後攪拌才能把纖維完全打碎，和南瓜汁溶在一起成為露。如果先攪拌再煮，則纖維會和汁分開，再怎麼煮也煮不溶。
• 南瓜是帶甜味的健康食品，適合糖尿病患者食用，可以不放糖或用糖的代用品。
• 文思豆腐南瓜露作為甜品冷吃。更講究的話，也可以每碗上面加入兩三滴白蘭地酒或Rum酒，或者加少許新鮮忌廉。

宋嫂魚羹

記得童年時最喜歡每天晚上和哥哥一起聽母親講故事,那時候她講的是《水滸傳》,每一個晚上講一點,所以《水滸傳》是我兩兄弟對中國文化有濃厚興趣的啓蒙,而一百零八個好漢也是我們耳熟能詳的人物,兩兄弟常常以《水滸》裏的人物、綽號、每一回裏的內容互相問難,務求問倒對方。有一次母親說《水滸》說到第三十八回宋江和戴宗在潯陽江邊喝酒想要辣魚湯吃,戴宗便喚酒保,教做"三分加辣點紅白魚湯"(《水滸傳》原文),母親說這就是阿爸喜愛的"宋公明湯"。父親作為報人,應酬特多,喝酒在所不免,喝多了的話,翌日他會叫母親去買一條魚尾回來,自己動手做解酒湯,用的是魚尾、紅辣椒、胡椒粒、薑、葱和豆腐,最後加一點醋。他說,這個湯不光是解酒,喝下去後如果蓋上大棉被睡一覺,出一身汗,傷風感冒也能治好。

《水滸傳》是元末明初施耐庵寫宋朝的故事。其實用魚作羹湯,自古已有,北魏賈思勰著的《齊民要術》裏就記載了燴魚苑羹和鯉魚羹,唐代咎殷撰的《食醫心鑒》提倡的食療中就有鯉魚湯,可是古代最出名的魚羹湯菜式要算是宋嫂魚羹了。宋嫂魚羹據說又和歷史上一個出名的人物有關,那就是我們都很熟悉的以十二道金牌召回忠臣岳飛的宋高宗趙構。

據傳,北宋汴梁(今河南開封市)人宋五嫂,隨宋室南遷來臨安(今杭州),和小叔一起在西湖以捕魚為生。一天,小叔得了重感冒,宋嫂用椒、薑、酒、醋等佐料燒了一碗魚羹,小叔喝了這鮮美可口的魚羹不久就病癒了。這個傳說是真是偽,不得而知,但是在宋朝周密著的《武林舊事》第七卷乾淳事親裏提到宋孝宗為了要表示孝心,在淳熙六年三月十五日恭請太上皇(即宋高宗)和太后遊園(即西湖):"至翠光登御舟,入裏湖,出斷橋,又至珍珠園,太上命盡買湖中龜魚放生,並宣喚在湖賣買等人。內侍用小彩旗招引,各有支賜。時有賣魚羹人宋五嫂對御自稱:'東京人氏,隨駕到此。'太上特宣上船起居,念其年老,賜金錢十文、銀錢一百文、絹十匹,仍令後苑供應泛索。"可能宋高宗根本未吃過宋五嫂的魚羹,但她的魚羹卻因此而出了名,所以武林舊事裏也提到"宋五嫂魚羹,嘗經御賞,人所共趨,遂成富嫗"。宋嫂也因此發了財。這有點像在現代,一旦被捧為影視歌壇偶像,很快便會有歌迷、影迷,人氣攀升,表演合約滾滾而來,想推也推不掉。

宋嫂魚羹

宋吳自牧著的《夢粱錄》第十三卷《鋪席》裏記載了當年杭州大街上的店舖，列出一百多家杭城市肆名家有名者，其中便有錢塘門外宋五嫂魚羹，當是宋五嫂出了名後，從湖面上搬到陸上開的飯館。吳自牧出生時，已經是宋高宗御賞宋嫂魚羹後的一百年，文中所記載在杭州大街上的宋五嫂魚羹，應該是她後人經營的店舖。

我們想周密記載的淳熙事親有着另一種意思。按道理太上皇宋高宗要遊西湖，隨時可去，天天可去，沒有必要大事記錄。中國自漢武帝而來，獨尊儒術，以儒教治天下，而儒教又以行孝為先，周密的記載應該有點顯彰宋孝宗對高宗示孝的意思，這也是中國史家，無論正史或野史，表現出中國價值觀的一種方法。

歷史記載並沒有記錄宋嫂魚羹的做法，不過從傳說的故事中，可以想像這應該是一種酸和辣的魚湯，因為酸和辣都能對感冒有所緩和。今天坊間流行的宋嫂魚羹做法，喜歡用雞湯，但是我們認為魚羹就是要魚的味道，而不是雞的味道，否則便應該叫做宋嫂雞羹。當年的宋嫂魚羹用的應該是魚湯，試想在西湖賣魚羹的貧窮老太婆哪裏來的雞湯，所以我們陳家廚坊的做法是要盡量保持菜式的原意、原味，避免用和魚羹不調和的作料。

西湖打漁

材料

桂花魚（鱖魚）... 一條約400克

熟火腿絲............................2湯匙

乾冬菇..................................5朵

筍絲...................................2湯匙

雞蛋......................................2個

薑汁...................................1湯匙

薑絲...................................2湯匙

葱 2條切絲

紹興酒...............................1湯匙

幼鹽.................................1.5茶匙

鎮江醋...............................1湯匙

胡椒粉..................................少許

馬蹄粉...............................1湯匙

材料選購

1. 提議採用桂花魚、鯇魚、黃花魚等魚骨不是太多的淡水魚來做。
2. 在香港的菜市場一般可請店舖代為把魚起大骨。

🕐 準備時間30分鐘，烹調時間10分鐘

做法

1. 魚起肉去頭尾去骨，把魚頭骨裝在煲魚袋裏，用水750毫升，大火煮沸後，轉中火煲半小時。魚頭骨不要，魚湯備用。
2. 把兩大片魚肉放在蒸碟中，用½茶匙鹽和薑汁醃好魚肉，魚皮朝向下，隔水蒸6至7分鐘取出，倒去魚水，用筷子拆散魚肉、檢走細魚骨和魚皮，做成散魚肉備用。
3. 乾冬菇水浸發好，切成細絲。
4. 把雞蛋打開，蛋白用筷子打勻，蛋黃不要。
5. 用一個湯鍋或大砂鍋，放1湯匙油燒熱，把薑絲、冬菇絲和筍絲同爆炒，灒紹興酒炒勻，再加入魚湯、胡椒粉和鹽，用大火煮沸後，把魚肉和火腿絲倒入，熄火，把蛋白經過一個過濾網，徐徐順鍋的圓形倒進鍋內，此時不要攪動，使之形成白色的蛋白絲。
6. 把湯羹再煮大沸後，轉小火，加鎮江醋拌勻，再用馬蹄粉勾薄芡，最後撒上葱絲即成。

陳家廚坊
烹調心得

- 蛋白經過一個過濾網下到湯中，可以變成細絲。
- 魚肉不要太早下到湯裏，免得煮得太"柴"。
- 因為是湯羹，所以冬菇和筍要切成細絲，不要太粗。

砂鍋魚頭豆腐

乾隆六下江南,留下了不少風流傳説,也為後人提供了很多與飲食相關的趣事,用蝦醬燒肉韭菜和豆腐煮的"大馬站"是其中的一個流傳很廣的傳説,另外一個也是廣為流傳的便是"魚頭豆腐"。傳説是這樣的:

話説乾隆微服出巡到訪吳山(今杭州市內),走到半山腰却下起大雨,乾隆饑寒交逼,便走進一戶山野人家希望找一些食品充饑。屋主王潤興是個食物小販,見來人如此狼狽模樣,頓生同情心,可是窮人家裏沒有什麼好東西,便把當日沒賣出去的一個魚頭,加上一些青菜和豆腐,隨便放一些醬料,用一個破砂鍋燉好給乾隆吃,乾隆狼吞虎嚥,覺得這菜比宮殿中的任向山珍海錯都更美味。

後來乾隆又再到吳山,他沒忘記這位救命小販,再訪當日的破屋,對王潤興説:"你手藝這麼好,為什麼不開一個飯店?"王説:"我自己都吃不飽了,哪裏還有錢開飯店?"乾隆就當即賞賜他五百兩銀子,還提筆寫下"皇飯兒"三個大字,下款竟是乾隆御筆。王潤興這才知道他遇上了當今聖上,嚇得長跪不起。這是一個好心有好報的動人故事。

從此,王潤興便把乾隆御筆皇飯兒"掛在中堂,專營魚頭燉豆腐,名聲大噪,這個"砂鍋魚頭豆腐"也就流傳至今了。

材料

魚頭	1個
津白菜	300克
蒜頭	5瓣
煎炸用豆腐	1磚
豬肉絲	30克
乾冬菇	4朵
粉條	150克
清雞湯	250毫升
葱	3條切段
薑片	4片
薑汁、紹興酒	各1湯匙
豆瓣醬、生粉	各2湯匙
醬油	1茶匙
幼鹽	1.25茶匙
胡椒粉、麻油	各少許

材料選購

魚頭盡量買大一些的鱅魚(俗稱大魚)頭,是菜式的主角。粉條可以用條形的天津粉皮,在超市和市場雜貨店都能買到。豆瓣醬最好用上海的豆瓣醬,在南貨店能買到。

🕐 準備時間30分鐘,烹調時間20分鐘

做法

1. 魚頭砍成兩邊,洗淨瀝乾後,用1茶匙鹽、胡椒粉和薑汁醃15分鐘,拍上生粉,用油半煎炸至金黃取出,放入蒜頭炸至微黃取出備用。
2. 津白洗淨切開四邊,再切6至7厘米長段,用水灼熟備用。
3. 豆腐切成1厘米厚塊,用油煎至微黃備用。
4. 粉條用冷水浸軟,冬菇用水浸好切絲。
5. 肉絲用¼茶匙鹽、¼茶匙生粉和少許油拌勻醃過。
6. 用一個大砂鍋放1湯匙生油大火燒熱,爆香薑片、蒜頭、冬菇絲、肉絲和豆瓣醬,放入1杯清雞湯和津白,再把魚頭放在津白上面,加入料酒和醬油,大火煮10分鐘,放進豆腐、粉皮和葱段,再轉中火煮6至8分鐘,加入麻油原鍋上桌即成。

陳家廚坊 烹調心得

- 上海的豆瓣醬有點辣味,如果用四川豆瓣醬就會較辣,用韓國辣醬也有另一番風味。不喜歡辣味的話,可用麵豉醬或黃麵醬代替。
- 無論用的是那一種豆瓣醬,都比較容易沾鍋,特別是用砂鍋來煮,所以要小心留意,必要時可再加少許開水。
- 也可以用清水代替雞湯,但就要再加½茶匙鹽。

乾煸蝦子茭白

茭白(見圖)，香港又稱茭筍，與蒓菜、鱸魚合稱江南三大名產。江蘇太湖和杭州地區盛產茭白，香港出售的新鮮茭白，大部份都是由該地區空運而來。由於近年來香港外省移民日益增加，飲食文化也逐漸變得更多元化，像茭白這類以前在香港很難買到的蔬菜，現在連傳統菜市場和超市都有出售了。

廣東人對"筍"有成見，認為凡筍都是熱毒之物，廣東人和香港人稱茭白為茭筍，實屬冤枉。茭白是禾本科水生草本植物，與竹筍並沒有任何關連。剛剛相反，茭白非但不熱毒，還是解毒之物，茭白能清暑止渴、利尿，更有解酒清熱的功效。茭白含有豐富的蛋白質和維生素A，茭白的纖維更有助於腸道蠕動，能改善便秘，而且含熱量較低，是一種很健康的蔬菜。

父親是廣東人，但他喜歡吃茭白，七、八十年代的美國加州，市場上買不到茭白，父親每年回香港小住，就會到九龍城的南貨店去買茭白回家烹調。乾煸茭白在江浙地區作為家常菜式，一般是用蝦米碎和肉碎，而父親用製過的蝦子加上蝦米碎，使這菜式更顯矜貴，可作為一度宴客菜式。

材料

茭白 600克
半肥瘦絞肉 50克
薑茸 1茶匙
葱花 2湯匙
花椒 30粒
榨菜末 3湯匙
蝦米 20克
精製蝦子 4湯匙
醬油 3湯匙
糖、鎮江醋 各1茶匙
麻油 .... 少許

材料選購

1. 如果見茭白上呈紅色，即已經變老，不宜購買。
2. 乾蝦子可以在一般海味店購買，精製蝦子加工程序可參考下文中的高湯蝦子製法。

🕐 準備時間15分鐘，烹調時間10分鐘

做法

1. 茭白剝去外殼，再用刀把綠色部份完全刨去，洗淨，用滾刀切成厚角片，放在水中大火煮1分鐘，再用冷水沖洗後瀝乾。
2. 蝦米浸透後瀝乾，切碎備用。
3. 半肥瘦絞肉用½茶匙醬油、½茶匙糖和½茶匙蝦米粉醃過留用。
4. 燒熱2湯匙油，把茭白半煎炸成金黃色撈起，熄火。
5. 鍋中留1湯匙油，把油稍涼到五成熱，放下花椒粒，再開小火，小心不要把花椒粒炸焦，炸至花椒出香味，把花椒撈出不要。
6. 把薑茸爆香，放入蝦米碎和醃好的絞肉一起用大火爆炒，再加入榨菜末、糖、醬油、茭白，鎮江醋和麻油炒勻，最後加入蝦子焗炒幾下，灑上葱花拌勻即成。

高湯蝦子 |

材料

蝦子 300克
紹興酒 2湯匙
紫蘇(或羅勒葉) 6片
薑 30克
高湯 125毫升

做法

1. 薑磨成薑茸，榨取薑汁2湯匙。
2. 紫蘇或羅勒葉(九層塔)切碎。
3. 把所有材料混在一起，燉1.5小時。
4. 用白鑊小火把蝦子小量分批烤乾。

注意：蝦子不能烤得太乾，否則會有苦味。把製過的高湯蝦子放在有蓋玻璃瓶中，放冰箱可以保存三個月。

陳家廚坊
烹調心得

- 茭白是水生植物，生產地水質或可能有污染，用眼是看不見的，所以要氽水後才烹調。而且建議不要生食，如要作涼拌，也一定要先用水煮熟或隔水蒸熟。
- 榨菜末在這個菜式中容易被忘記，但它會帶起了一點鹹香的味道。
- 如用花椒油，可以省去第5個步驟。

上海菜飯

由清朝末年開始，上海成為當時中國重要的對外通商口岸之一，碼頭和倉庫的貨運非常忙碌，附近農村有很多窮人跑到這些碼頭和貨倉當苦力，這可能是中國第一代的入城民工，這些民工在上海賺取血汗錢，生活十分節儉，碼頭附近有些小販，就用最廉價的上海青(小棠菜)加在有鹽的飯中同煮，賣給這些碼頭工人吃，成為當時稱為"苦力飯"的第一代菜飯。後來菜飯就在上海慢慢流行起來，加入了鹹肉這些配料，從此也不再是"苦力飯"了。

六十年代末，自曉嵐這個"港產外省新抱"嫁入我家，帶來了不少江浙菜式。上海菜飯就是我們很喜愛吃的家常飯，父親還堅持保留菜飯要"有些少豬油"，説否則小棠菜缺油，飯味就不是那一回事了，而且肥肉炸油後的豬油渣非常可口，混在菜飯中偶然脆口一下，人間美食也。事實上，人人每天吃牛油搽麵包，或者用牛油做麵包，牛油比豬油更"勁"得多，為何單要害怕偶然吃一次豬油呢？

上海菜飯可以配合菜餚一起作為主食，也可以簡簡單單地只吃一頓菜飯，老少咸宜，有肉有菜有飯，夫復何求！

材料

白米 .... ※2杯

(※電飯煲量米用的杯)

上海鹹肉 100克

小棠菜 100克

肥豬肉 50克

蒜茸 1湯匙

油 1湯匙

材料選購

鹹肉是江浙地區常用的一種醃肉，可以在南貨店購買，好的鹹肉是乾燥而肉面有光澤，瘦肉呈暗紅色，肥肉雪白，如果色澤灰啞或者濕淋淋的，就最好不要買。

準備時間15分鐘，烹調時間20分鐘

做法

1. 白米洗乾淨後瀝乾。
2. 鹹肉用清水泡浸1小時後瀝乾水，切成約¼厘米薄片。
3. 肥豬肉切粒備用。
4. 小棠菜切去菜頭洗淨，在開水裏迅速氽一下，拿出瀝乾，切碎。
5. 在鑊中下1湯匙油，放進肥豬肉粒，炸出豬油後，豬油渣拿出留用。
6. 小火把蒜茸下在鑊中略炒到出味，加入白米轉中火同炒約半分鐘取出。
7. 把炒過的米放在電飯鍋裏，按正常煮飯加水煮飯。
8. 當見到米飯開始收水時，放入鹹肉在飯面上繼續煮。
9. 最後把切碎的小棠菜加入飯中拌勻，稍焗3分鐘即成，吃時撒上炸脆的豬油渣。

陳家廚坊
烹調心得

• 切碎而且汆過水的小棠菜易熟，不用在飯裏焗得太久，否則顏色會變黃。
• 豬油及豬油渣部份只是我家的美味招數，可加可不加，讀者請自行決定。

素蟹黃豆腐

九十年代初，內人曉嵐到上海公幹，客戶宴設上海龍華寺附屬的齋菜飯館，齋菜做得甚為精美，當時就上了一道素蟹黃，味道似蟹黃，賣相也幾可亂真，曉嵐承先父好學之風，誠心求教；但可惜被大廚師婉拒，說這道菜是龍華寺的名菜，不便相告。曉嵐對此菜式念念不忘，一路上苦苦思量，決心要拆解龍華寺素蟹黃的做法，並要做得比龍華寺更好。回家後立刻動手試做，後來經過幾次改良，終於成為一道被先父讚賞的素菜，素蟹黃豆腐正式成為陳家廚坊的一道宴客菜。

前年我倆重遊上海，特意再訪龍華寺，龍華寺附近已經有了地鐵站，遊人如鯽，更開了很多快餐店和商店，我們在記憶中的位置再三尋找，卻再也找不到當年齋菜飯館的蹤迹了。

素蟹黃豆腐價廉味美，賣相特佳，但也是一道看似難做的菜式，其中最重要的是要跟着以下每一步驟去做，並且留意烹調心得中所提的幾點注意事項，實踐一兩次後，保證你也可以煮出令人難忘的素蟹黃。

🕐 準備時間20分鐘，烹調時間10分鐘

做法 ·······················

1. 把馬鈴薯和紅蘿蔔焗熟，去皮，分別用叉子搗爛備用。

2. 兩個雞蛋打開，分開一碗蛋白和一碗蛋黃，加入少許麻油打勻蛋黃。

3. 鹹蛋不要煮熟，打開鹹蛋後，把鹹蛋白加入雞蛋白中一起打勻，要打蛋白到鬆起。用叉子把鹹蛋黃搗碎成不規則粒狀備用。

4. 滑豆腐切大粒，用鹽水浸約半小時後，瀝乾水放在碟中，加入生抽和數滴麻油小心拌勻，隔水蒸3分鐘，或用微波爐加熱2分鐘，瀝去水份備用。

5. 用2湯匙油起鑊，把打勻了的蛋白倒入，用鑊鏟推碎至熟，撈出蛋白。

6. 加入薑茸和鹹蛋黃爆香，加入剁碎了的馬鈴薯茸倒入略為翻炒，再倒入紅蘿蔔茸，加入幼鹽、糖和鎮江醋，一起炒勻。

7. 加入少許麻油，並加入炒好的蛋白同略炒，熄火。

8. 把鑊離火，立即倒入生蛋黃稍為拌勻即成素蟹黃。把素蟹黃淋在滑豆腐上即成。

材料

馬鈴薯(薯仔)	1個
紅蘿蔔	½個
蒸煮滑豆腐	1盒
薑茸	1湯匙
鹹蛋	1個
雞蛋	2個
生抽	1茶匙
幼鹽	½茶匙
糖	1茶匙
鎮江醋	2茶匙
麻油	少許

陳家廚坊
烹調心得

- 白色的馬鈴薯和橙紅色的紅蘿蔔代表蟹肉和蟹黃，所以不要用刀切得太工整，用叉子稍為搗爛，但如果搗得太爛就沒有立體感了。
- 鹹黃蛋也是更不能用刀切，否則樣子太假，它代表的是部份較硬的蟹膏。炒過的蛋白也是代表白色的蟹肉。
- 下鑊後全過程是翻炒，千萬不要用鑊鏟壓馬鈴薯茸和紅蘿蔔茸，如果把這兩種材料壓在一起，就分不出白色和橙紅色了。
- 最後熄火後才加蛋黃，是為了不把蛋黃煮熟，讓蛋黃保持一種滑油的狀態，為菜式添上代表蟹油的矜貴感覺。
- 在開始做素蟹黃之前，一定先要把豆腐蒸好準備好，否則會非常忙亂。

酒糟鴨舌

江南地區河道湖泊甚多,有很多養鴨人家,建有不少現代化的大型宰鴨工廠,生產很多不同的鴨產品,有做南京板鴨和鹽水鴨的整隻光鴨,也有鴨腳、鴨內臟、鴨胸肉和鴨舌。

鴨舌是很奇妙的東西,吃到口裏軟軟的;但是又有點彈性,完全不像其他如豬舌和牛舌那種非常結實的感覺。在眾多禽類的動物中,好像只有鴨子的舌頭被用為入饌之用。鴨舌本身沒有任何味道,但是它的柔軟組織卻是各種味道最好的載體,用來炒、滷、醬、醉、糟都有很好的效果。這裏介紹的是江浙很流行的酒糟鴨舌。

材料

鴨舌 300克

八角 2粒

花椒 15粒

葱 3根切段

薑 4片

糖 1茶匙

鹽 1茶匙

紹興酒 1湯匙

糟滷 3湯匙

材料選購

凍肉公司及超市均有出售冷藏鴨舌。

🕐 準備時間30分鐘,泡浸時間2-3小時

做法

1. 把鴨舌洗乾淨,去舌衣,在沸水中煮20分鐘,再用冷水沖洗,瀝乾備用。
2. 把花椒,八角放在小紗布香料袋中。
3. 用500毫升水,加入薑片和香料袋,煮20分鐘,薑片和香料袋取出不要。
4. 煮好的滷水加入糖、鹽、葱段,煮沸後熄火,涼卻後加入紹興酒和糟滷,製成糟汁。
5. 把煮熟的鴨舌放進糟汁中浸約2到3小時後可撈出,再抹上麻油即可。

糟滷

陳家廚坊 烹調心得

- 喜歡味濃的人士,可把鴨舌浸的時間延長到半天,但如果時間過長,鴨舌可能會變得過鹹。
- 鴨舌易熟,不用煮太久,以保持脆爽口感。

五香燻魚

中國烹飪中的燻，是將醃過的生料或熟料，用米、糖、蔗渣、茶葉、樟葉、松葉、果木等燃料，通過燻爐產生燻煙，把原料燻熟或燻着色入味。而江蘇的五香燻魚，卻是少有的不用燻煙法製成的燻菜。

幾十年來，香港的"外省菜"（非粵菜）餐館中，燻魚幾乎是常備的前菜（冷盤）菜式，而這種香港流行的燻魚就是這種沒有煙燻味的蘇式五香燻魚。適合製作燻魚的魚類包括鯇魚、鯖魚、鰱魚等。儘管多種魚都可以用來做燻魚，但是我們認為鯖魚的皮下脂肪較多，皮對肉的比例較大的魚為高，燻製以後味道特別甘甜，是製作燻魚的好材料。

材料

鯖魚柳 ......4塊（約500克）

薑茸 1湯匙

葱白 4根

鹽 ....½茶匙

紹興酒 4茶匙

醬油 1湯匙

五香粉 1茶匙

鎮江醋 1湯匙

片糖 1塊

麻油 1湯匙

水 3湯匙

材料選購

雪藏鯖魚在香港可以在超市或專賣凍肉店裏買到，有帶皮的鯖魚柳片或未經處理的整條鯖魚，建議買鯖魚柳(見右圖)，因為未經起肉處理的鯖魚在解凍後較難自行起肉。

🕐 準備時間醃製1小時，烹調時間10分鐘

做法

1. 鯖魚柳洗淨後瀝乾，用乾淨布或廚紙吸乾水份。
2. 葱白拍扁，放入大碗內，加入薑茸、鹽和2茶匙紹酒，把整塊鯖魚柳放入拌勻，要確保每一塊魚都沾上醃料，醃製1小時。
3. 魚醃好後，用廚紙輕輕吸乾醃汁，放在1公升油中用中火炸熟，瀝去多餘的油。
4. 在另外的小鑊加入餘下2茶匙紹興酒、醬油、五香粉、鎮江醋、水和壓碎的片糖，再加入醃魚的汁和葱白，用小火煮至片糖完全溶化，用大碗盛起。
5. 逐一把剛炸好的魚塊放入蘸汁中稍浸一下，吸收汁味，然後拿出放在蒸架上，再用毛筆掃上麻油，吃前用斜刀把每條魚柳切成三段即可。

陳家廚坊
烹調心得

- 鯖魚柳無骨肉薄，炸鯖魚時魚皮向上，必要時用鑊鏟輕輕把魚按下，單面油炸即可，不必反轉魚身再炸，以免弄爛魚肉。
- 因為鯖魚顏色較深，建議用屬於淡口醬油的萬字醬油，以免顏色過黑。

燻三樣

煙燻是江浙地區很普遍的製作菜餚方法，凡是肉類、魚類都可以用來燻製。其實燻製的食品並不是江浙地區獨有，中國其他省份也有燻製的食品，比說北京燻肉、滄州燻雞、四川樟茶鴨等。外國也有很多燻製的食物，例如煙燻火腿、煙燻火雞、煙燻香腸、煙燻鰻魚等。煙燻食品一般是在特製的燻爐或燒烤爐製作，也有人用鐵鑊來做燻爐的。

除非家裏有天台或花園，我們不提議在家裏用爐來製作煙燻食品的，因為火候較難控制，而且煙燻味可以滲透到全屋，久久不散。隨着科技進步，市場上已經有不同做煙燻的產品，比如說煙燻袋、煙燻板等。可是這些新產品成本比較昂貴，而且還需要利用烤爐，做法也不夠靈活；因為食材要求的煙燻時間不同，每一次只能煙燻同一種食材。我們認為，在家庭的環境中，應該盡量減低費用，簡化製作過程，同時又適合可以處理不同食材。為此，我們混合了西方和中國的醬料和配料，來做一個滷和燻同時進行的煙燻水，可以讓我們控制火候和燻味的濃淡，從而可以用來燻製各種不同的煙燻食品。

調好了燻汁，正好用來做一個燻的冷盤。這裏的燻三樣是燻豬耳朵、燻蛋和燻牛肚。在進行燻製前，我們要考慮到不同材料的特點，制訂處理方法，才能達到理想的效果。豬耳朵的特點是皮包軟骨，上碟前要用斜刀法向外來切割，這樣片出來的豬耳朵薄而大片，口感最好。燻蛋的難度是如何達到理想的糖心，這取決於對火候的控制，要分秒必爭，時間掌握要準確無誤。燻牛肚的要點是燻前的處理，清洗和多汆薑水來除去腥味。

燻汁和蘸汁材料

八角	2粒	花椒	20粒
小茴粉	1湯匙	肉桂粉	½湯匙
沙薑粉	½湯匙	燻水	2湯匙
鹽	1湯匙	片糖	2片
醬油	4湯匙	紹興酒	2湯匙
薑	6片	水	1公升
糖	1湯匙	醋	2湯匙

材料選購

Wright's Hickory Seasoning Liquid Smoke 煙燻水 (見圖) 可在大超市購買，酒則提議用紹興酒。醋可以用鎮江香醋，但用進口的黑醋 Balsalmic vinegar 效果更佳。

濃縮煙燻水

🕐 40分鐘

燻汁和蘸汁製作方法 ·······················

1. 把八角和花椒放在香料袋內，另加小茴粉、肉桂粉、沙薑粉、薑片和水同放在大煲中，大火煮滾後，轉慢火煮30分鐘。
2. 加入鹽、片糖、醬油、燻水和酒，直至片糖完全溶化時熄火，取出香料袋不要。這時燻汁已經完成。
3. 蘸汁是用2湯匙燻汁、2湯匙醋和1湯匙糖混和而成。

陳家廚坊
烹調心得

- 燻蛋也可以用雞蛋，但煮蛋的時間要減少。小的雞蛋只需要煮三分半鐘，大的雞蛋可以增加半分鐘。切記在煮蛋前，蛋必需在室溫環境中放上最少4小時，否則可能影響蛋的糖心。
- 豬耳朵和牛肚可以同時放在燻汁中燻製，因為時間和火候都是一樣。

材料

豬耳朵...................... 一對	生鴨蛋...................... 4個
牛肚 300克	薑.......................... 12片
薑汁 1湯匙	

材料選購

1. 豬耳朵要買新鮮的,而且越大越好,可以片成大塊。
2. 做糖心燻蛋可以用雞蛋或鴨蛋,但鴨蛋的蛋黃含油量較高, 做出來的糖心燻蛋口感較油潤。
3. 做燻牛肚可以用雪藏牛肚,比較容易處理。

🕐 準備時間1小時,泡浸時間4小時

燻三樣的做法 ••••••••••••••••••••••••••••••••••••

燻豬耳朵

1. 豬耳朵洗乾淨後,汆水和沖冷水
2. 換水加6片薑片用中小火把豬耳朵煮半小時後沖冷水。
3. 放在燻汁裏煮沸後泡浸4小時。
4. 吃前用斜刀法薄切上碟,淋上燻汁。

燻蛋

1. 把室溫的生鴨蛋放在煲中,用冷水把蛋完全覆蓋。
2. 開火把水煮沸,由水沸時開始計時,四分半鐘後熄火把鴨 蛋拿出。
3. 把鴨蛋泡在冷水中,涼卻後剝殼。
4. 把剝殼後的鴨蛋泡在冷卻的燻汁內4小時以上,如能浸隔夜 味道更佳。
5. 吃前把燻蛋切開邊(見圖)。

燻牛肚

1. 把雪藏牛肚切開兩塊,內外洗乾淨後泡冷水1小時,中途換水一到兩次,再汆水 5分鐘後沖冷水。重複汆水及沖冷水步驟。
2. 換水加6片薑片,把牛肚用中小火煮1小時後沖冷水。
3. 取出後放入燻汁煮沸後泡4小時。
4. 吃前切片上碟,淋上燻汁。

杞子醉蝦

醉蝦有不同的做法，香港酒家的做法是把新鮮活蝦放進碗中，加入酒精度數高的烈酒，點火，用蓋把碗蓋住，讓火把活蝦燒熟。這種做法的醉蝦，會略有苦味，而且不宜在家裏炮製。另外一種做法，是把活蝦放碗中，加入汾酒，用蓋蓋住，到活蝦停止跳動便可進食。這個做法的蝦肉是生的，而且酒味較濃，不一定適宜做家庭菜。這裏介紹的醉蝦做法簡單，適合在家炮製，而且老少咸宜。

當歸、枸杞子、龍眼都是性質甘溫而滋補的藥材，作為配料用於醉蝦和醉蟹是最適當不過，因為蝦蟹都是偏寒的食物，剛好和這些甘溫的配料互相中和。

醉蝦較容易入味，泡浸4到5小時即可供進食。紹興酒經過和藥材浸泡，酒味趨向溫和，使醉蝦更容易入口。

材料

基圍蝦	600克
當歸(Angelica)	3片
枸杞子	20粒
龍眼肉	10粒
鹽	½茶匙
冰糖	1塊
紹興酒	250毫升
水	500毫升

材料選購
做醉蝦的蝦可選購普通的基圍蝦，太大的蝦反而不容易入味。

🕐 準備時間30分鐘，泡浸時間4-5小時

做法
1. 基圍蝦洗乾淨，用水煮熟後，瀝乾，放涼。
2. 剪去蝦鬚，蝦腳。
3. 在煲中放水500毫升，煲滾，放進當歸、枸杞子、龍眼肉、鹽、冰糖，用小火同煮15分鐘。熄火。涼卻後加入紹興酒。
4. 把蝦放進泡浸，4到5小時後可食。

陳家廚坊
烹調心得

• 醉蝦做好後,最好在24小時內進食,否則蝦肉會變霉,影響口感。

糟醉豬手

糟和醉都是江浙一帶很流行的烹調方法,糟雞、醉雞、醉螃蟹更是家喻戶曉的名菜。除了家禽水產外,豬手也是很好的原材料。但是,用豬手做菜,必須要考慮到它的特性。豬手包括瘦肉、皮和蹄筋,三個位置,三種不同的特性。煮的時間太長,瘦肉會變得"柴",煮的時間不夠,皮和蹄筋又不夠軟。特別是浸泡的菜式,因為浸泡的時間比較長,對肉質有明顯的影響。所以,在用豬手做菜的時候,盡量不要買帶太多瘦肉的部份,最好能用豬手尖。

這裏糟醉豬手的做法,是加進了糟鹵的味道,因為豬手粒本身不帶什麼味道,需要用較濃的調料和長時間的浸泡,才能把味道滲透到豬手裏。

材料

豬手	1000克
糟鹵	250毫升
紹興酒	125毫升
水	250毫升
鹽	½茶匙
糖	1茶匙
薑	8片
花椒	30粒

材料選購

可選用凍肉超市售賣的雪藏豬手粒,這種豬手粒已經過處理,只有豬手尖,不帶瘦肉,皮毛乾淨,價格也便宜。糟鹵汁在南貨店及部份超市有售。

🕐 準備時間2.5小時,泡浸時間24小時

做法

1. 豬手洗乾淨,在煲裏用水煮5分鐘後,倒起,用冷水沖洗至乾淨。
2. 把薑片、花椒和豬手一同放煲裏加水用大火煮沸,再換成小火煮2小時。
3. 把豬手撈出來,用冰開水泡到冷卻,瀝乾。煮豬手的湯、薑片和花椒都不要。
4. 把糟鹵、酒、水、鹽和糖放在大碗裏調勻,放進已經冷卻的豬手,泡浸24小時即成。

陳家廚坊
烹調心得

豬手要煮2小時才夠軟,冷卻時豬皮會慢慢變爽。泡的時候,首24小時不要放冰箱裏,因為泡了豬手的汁吸收了豬手的膠質,碰到冷就會凝固,味道便不能滲透到豬手裏。泡過豬手的糟醉汁可以下次反覆再用。

雞汁百頁包

有關豆腐的發明者，眾說紛紜，有說是西元前164年，淮南王劉安在八公山上採藥煉丹時，無意中以石膏點豆汁得來的靈感而發明的，也有考證說豆腐是在唐代或五代才有文獻的記載，所以應該把豆腐的發明年代推遲到唐末五代。不管怎樣說，中國是豆腐的發源地是沒有任何爭議的。用黃豆製成的食品很多，廣東人比較熟悉的便是板豆腐、嫩豆腐、山水豆腐、腐竹、腐皮、豆腐泡等，而百頁（又名千張）是江浙地區喜愛的豆製食材。做法是將泡軟的黃豆加水磨成豆漿煮沸濾渣後，加凝固劑凝成"豆腐腦"，用布摺疊壓製成薄片狀。新鮮的百頁是米白色的，可與其他食材直接烹煮。若是黃色的乾百頁，便要先經過處理才能作為可入饌的食材。用百頁做的代表性菜餚有：雪菜毛豆百頁、百頁結燒肉、雞汁百頁包等。

材料

百頁	5張
絞豬肉	250克
鮮蝦	50克
娃娃菜	200克
鹽	½茶匙
糖	½茶匙
醬油	1茶匙
生粉	1湯匙
雞湯	500毫升
蘇打粉（baking soda 或 bicarbonate soda，亦稱食粉或小蘇打）	1茶匙
青蒜	6條
胡椒粉	少許

材料選購

乾百頁（見圖）可以在南貨鋪買到，一般的包裝是一疊十張，用不完可以包好放在冰箱裏保存。百頁分兩種，一種是較薄的，可用來包餡做百頁包；另一種是較厚的，適合做百頁結。做百頁包在購買的時候請説明是要買薄的一種。

🕐 準備時間30分鐘，烹調時間15分鐘

做法

1. 把蘇打粉放進4杯溫水裏開勻，再把乾百頁放進，浸泡15分鐘到顏色變白，再用清水多次徹底漂洗百頁，除去所有的蘇打味（見下圖）。
2. 娃娃菜洗乾淨後切碎，放鍋裏用清水煮熟，撈起，放涼後用手把菜裏的水擠乾，再剁碎。
3. 鮮蝦去殼後稍為斬剁，不要過份細剁。
4. 把絞豬肉、鮮蝦、娃娃菜、鹽、糖、胡椒粉和生粉拌勻。
5. 把百頁一張分成四張，每一張放1湯匙肉餡，包成小包。
6. 把蒜葉切下，在開水裏一燙，馬上拿出，再用小刀順着蒜葉從中間剖開為二。
7. 每一小包用蒜葉輕輕捆住。
8. 把雞湯煮沸，百頁排好在鍋裏，煮沸後轉小火，煨十分鐘。
9. 吃時用深碗裝好連湯上桌。

處理過的百頁

陳家廚坊 烹調心得

- 用小蘇打開溫水浸泡百頁，可令百頁變軟及顏色變白，但不要浸太長時間，否則會破壞百頁的組織。水的溫度也會影響泡浸百頁的時間，要多嘗試，才能憑經驗決定水溫和時間。
- 煮百頁包容易散開，所以用蒜葉捆住，但也可以用牙籤把百頁包穿住，上桌前記得把牙籤取出。如果用牙籤的話要很小心，不要把百頁插爛。
- 蒜葉見熱水即軟，燙過後要馬上拿出。

木耳烤麩

由麵筋發展出來的食品材料很多,其做法、用法、風味、形狀都各有特色,香港人所熟悉的,就是用來烹調齋菜的各式麵筋。烤麩的"麩"就是麥子皮的意思,傳統的烤麩就是用帶麥皮的麥子磨成的高筋麵粉做成的麵筋,經過保溫發酵後,用大火隔水蒸熟再定型而成的一種食材,現在市場上能買到的烤麩,一般是用普通的高筋麵粉來做的。烤麩在中國江南一帶的江蘇、浙江、安徽等幾省都是很普遍的食材,但在廣東、廣西等地並不流行。烤麩其貌不揚,像一塊發霉的大鬆糕(見圖1),在南貨店買的時候才用刀切出部份來,在日式超市出售的是冷藏真空包裝的烤麩(見圖2),每包淨重200克。木耳烤麩是一道既簡便又健康的菜式,在江浙及上海地區很流行,可作前菜暖食,也可以熱吃。

烤麩

超市烤麩

做木耳烤麩這個菜,有兩派不同的喜好,一派是要求烤麩煮腍,更入味,所以在炒烤麩時加少許水稍煮。第二派是要求烤麩保留一點炸過的脆口,所以不加水煮。我們以下介紹的是第二種的處理方法。

陳家廚坊
烹調心得

• 烤麩用手撕成小塊而不是用刀切,是傳統的上海農家風味。
• 烤麩也可以用水煮而不用油炸,但是以油炸的口感較好。

材料

烤麩 200克

雲耳 20克

紅綠圓椒 .... 各半個

薑片 2片

薑 10克切絲

蠔油、紹興酒 各1湯匙

糖 1茶匙

鹽 .... ½茶匙

材料選購

1. 烤麩可在南貨店或日式超市有售。
2. 木耳要採用雲耳或東北野生木耳，不適宜用白背木耳，口感太硬。

準備時間20分鐘，烹調時間10分鐘

做法

1. 烤麩撕成小塊，用水放薑片煮沸，放入烤麩汆水1分鐘撈起，涼卻後用手輕輕揸乾水份，再用廚紙印乾備用。
2. 用清水發好雲耳，沸水中汆煮2分鐘撈起瀝乾。
3. 紅綠圓椒洗淨去仁，切角片備用。
4. 用250毫升炸油燒至六成熱，放下烤麩炸成金黃色，撈起瀝油，再用鑊鏟把油份盡量壓出。
5. 留1湯匙油大火起鑊，爆香薑絲，加入烤麩、圓椒和雲耳同炒，鑊邊灒下紹興酒，加入蠔油和鹽糖炒勻，最後加數滴麻油即成。

油燜筍

七、八十年代前，在美國的中國餐館必備的幾種食材便是罐頭清水磨菇、清水竹筍和清水馬蹄，幾乎所有唐人餐館的菜式都離不開這些食材。當然，當時在美國能買到適合做中國菜的材料，遠不如現在豐富，這些罐頭食材倒是很符合實際的選擇。在香港要買新鮮竹筍要看季節，最方便的是用罐頭的清水竹筍，常見的是江西出產的罐頭清水冬筍和小竹筍。

竹筍是竹的幼芽。顧名思義，春天破土而出的是"春筍"；夏秋時節收穫的叫"夏筍"；冬季收藏在土中的便是"冬筍"。中國是世界上產竹筍最多的國家之一，超過一百多個品種，分佈全國各地，以珠江流域和長江流域最多，在香港能買到竹筍的就有好幾個不同的品種，所以做菜時要考慮季節和供應的問題。中國古代二十四孝之第八個故事，就是孟宗哭竹生筍，話說孟宗的母親病重卻想吃竹筍，天寒地凍找不到竹筍，孝順兒子孟宗無計可施，就跑去竹林抱着竹子大哭，結果孝感動天，被他哭出竹筍來。從此，竹筍與孝順就連在一起了。讀者也不妨效法古人，在母親節或媽媽的生日，做個油燜筍給媽媽吃，再講這個二十四孝故事，保證逗得媽媽樂呵呵！

材料

罐頭小竹筍................½罐

（一罐小竹筍淨重440克）

老抽 2茶匙

糖...........................2茶匙

花椒 20粒

麻油 1茶匙

材料選購

江西出產的罐頭小竹筍（見右圖）超市及國貨公司都有售，價格合理，而且小竹筍的口感和形狀很適合做油燜筍，大多數的江浙餐館都採用這種罐頭筍來做油燜筍。這個菜適合選用醬油，如台灣萬家香的蔭油或壺底油，或者用日本的濃口醬油。

🕐 準備時間10分鐘，烹調時間5分鐘

做法

1. 小竹筍瀝乾水，把筍頭部份切走1厘米不要。
2. 在1湯匙油內放入花椒粒，用小火炸出味後撈走花椒不要。
3. 把筍條放入炸過花椒粒的油中煸炒，加入老抽和糖炒勻，再加入2湯匙清水，收文火煮幾分鐘，不要蓋上鑊蓋，以免焗出水。
4. 看到小竹筍完全上色，而且筍身變軟，再用大火收汁，最後加入麻油略炒即成。

陳家廚坊 烹調心得

- 把筍頭部份切走1厘米不要，是因為這位置比較硬，也很難上醬油色。小竹筍不用煮得太腍，否則會失去風味。
- 如果是選用新鮮冬筍，剝殼後要用平刀拍鬆，然後再用滾刀切成角狀。新鮮冬筍還要先汆水。建議新手下廚，還是買罐頭的清水小竹筍。
- 油燜筍這個菜在江浙地區很流行，預先做好後，吃前不用翻熱，保持室溫即可。

香椿拌豆腐

朋友在杭州家中的花園裏有一棵香椿樹,每年春天,香椿樹都長出嫩芽,清香滿園。香椿就是香椿樹的新芽(見右頁左圖),每年只有七天到十天可以採摘,椿芽長大了就不能吃了。每年的三、四月,中國華東華北地區和四川省的菜市場都能買到新鮮香椿,但售價都比一般的蔬菜貴很多。椿芽期一過,市場上就立刻再也買不到新鮮香椿,只能等到明年春天了。90年代我們在北京居住的日子,每年春末,都會買好些新鮮香椿芽,用紙包好再外加保鮮袋,放在冰箱中,留待慢慢吃。

香椿芽營養價值甚高,含豐富蛋白質,其鐵質、鈣質、磷質、胡蘿蔔素、核黃素等營養為蔬菜中名列前茅。香港夏天氣溫太熱,種不了香椿樹,幸好在南貨店可以買到鹽漬的香椿芽,雖然香味比新鮮的香椿差很多,但勝在全年有貨。如果是買到新鮮香椿芽,最佳的吃法是香椿炒雞蛋,而鹽漬的香椿芽,最適宜是用來拌豆腐,當然最好能配合上好的純麻油,那就更加相得益彰了。

材料

鹽漬香椿芽.............一包

硬豆腐........一盒(一大塊)

幼鹽 ....½茶匙

麻油 1茶匙

麻醬 1湯匙

材料選購

除了在南貨店可以買到鹽漬的香椿芽（見右圖）外，在深圳也可以買到塑料包裝泡在鹽水中的香椿。兩種都可以用來拌豆腐。

🕐 準備和涼拌時間30分鐘

做法

1. 把鹽漬香椿沖洗去鹽份，再用清水把香椿泡30分鐘。
2. 煮沸水，把香椿芽快速焯過撈起，瀝乾後切碎。
3. 豆腐倒扣在碟中，瀝去水份，切成1厘米立方。
4. 麻醬用冷開水稀釋。
5. 把香椿放入豆腐中，加入麻醬、麻油和鹽，拌勻即可上碟。

鹽漬香椿芽

香椿新芽

陳家廚坊
烹調心得

- 水焯香椿，無論是新鮮或是鹽漬的，都要動作非常快速，否則會失去香椿的香味，新鮮香椿還會立刻變色，風味大減。
- 麻醬一定要先稀釋後才能拌入，否則拌不勻。
- 不要加芫荽之類的香菜，會奪去香椿獨有的香味。

馬蘭頭拌香乾

馬蘭(學名Kalimeris indica(L.)),菊科、又別名紅梗菜、雞兒腸、田邊菊、紫菊、魚鰍串、螃蜞頭頭草等,為多年生草本植物,葉可做食用,上海人俗稱馬蘭的葉為"馬蘭頭"(見圖),我猜可能是指馬蘭葉的頭段嫩葉部份的意思。

清代袁枚的隨園食單中,説到馬蘭頭是這樣的:馬蘭頭菜摘取嫩者,醋合筍拌食。油膩後食之,可以醒脾。馬蘭頭纖維豐富,帶清香味,用水略燙過後,吃之味道甘而後味特強,是一種越吃越有韻味的蔬菜,進食時應該慢慢咀嚼,才能真正嚐出馬蘭頭特有的味道。

材料

馬蘭頭.....................300克

豆腐乾(香乾)...........2塊

麻油.......................1茶匙

鹽.........................½茶匙

油.........................½茶匙

材料選購

馬蘭頭在南貨店可以買到,最好是現
買即用,不要留過一夜,會影響香味。
豆腐乾(見圖1)可買五香豆腐乾或普通
的白豆腐乾。兩頭通的不銹鋼圓模(直
徑7厘米,高5.5厘米)(見圖2),可以
在烹調用模具店買到。

🕐 準備和涼拌時間20分鐘

做法.....................................

1. 馬蘭頭洗淨,用中火煮沸水,放油後,
   把馬蘭頭稍燙一下取出,用冷開水沖
   一下,用手擠乾水份備用。

2. 豆腐乾洗乾淨,用沸水稍燙,撈出
   備用。

3. 馬蘭頭和豆腐乾用廚紙吸乾後,剁碎
   混合,再加入鹽和麻油拌勻。

4. 把拌好的馬蘭頭和豆腐乾放在一個兩
   頭通的不銹鋼模內壓實,吃前拉起鋼
   模即成。

❶

❷

不銹鋼膜

陳家廚坊
烹調心得

- 馬蘭頭在沸水中不要燙太久,否則會變色。
- 豆腐乾本身是熟的,稍為在沸水中拖一下便可。
- 沸水焯馬蘭頭時加點生油,是為了保持翠綠顏色。
- 焯水後沖涼開水,可增加脆嫩,而且可以除去一些草腥味。
- 7 x 5.5厘米的圓形不銹鋼模剛好能夠容納已經擠乾水的300克馬蘭頭和2塊豆腐乾。

糟毛豆

每年暑假，大女兒一家四口都會由美國回香港小住兩個月，一次與她去超市購買食物，她拿了好幾包日本生產的鹽水毛豆，說是女婿和小孫女喜歡當口果吃。我告訴她煮毛豆十分簡單，何不自己做，但女兒說：當然不同啦！這是日本的毛豆嘛。其實很多人都不了解，中國是世界上毛豆出口最多的國家，日本的毛豆絕大部份由中國進口，經過加工後再內銷和出口。我認識的一位朋友，就是在山東省投資種植毛豆，再出口到日本，每年的銷售量很大。

在香港的很多日本餐館都把帶殼鹽水毛豆作為小食，叫做枝豆，江浙餐館也有以帶殼毛豆作為前菜小食，傳統是做糟毛豆，也有做鹽水毛豆的，很多人喜歡吃毛豆，是作為下酒小食和開胃前菜。其實在家做糟毛豆或鹽水毛豆，價廉物美，半斤新鮮毛豆港幣五元已有交易，加些香料調味品，花不到十元就已是一大碟了，比起在餐館吃的那小小碟毛豆，非常超值。

材料

毛豆	300克
花椒	25粒
幼鹽	1茶匙
五香粉	1茶匙
糟鹵汁	125毫升

材料選購
1. 帶莢新鮮毛豆在菜市場有售，要盡量挑豆身脹的才新鮮。
2. 瓶裝糟鹵汁在菜市場的上海食料店或江浙南貨店有售。

🕐 準備時間30分鐘，泡浸時間4-5小時

做法

1. 帶莢新鮮毛豆沖洗乾淨瀝乾，用剪刀剪去毛豆莢的頭尾兩端。
2. 大火煮沸半鍋清水，放入花椒粒、鹽、五香粉，煮5分鐘後，放入剪好的毛豆，水的份量要稍為浸過毛豆，用中火煮20分鐘熄火，再讓毛豆浸在鍋中10分鐘，撈出毛豆，煮豆的水和香料都不要。
3. 用廚紙吸乾毛豆莢上的水份。
4. 用一個大碗把125毫升糟鹵汁用等份冷開水拌勻，將毛豆放入浸着，放在冰箱中約4至5小時，中途兩次用筷子把毛豆翻一下，使每粒毛都浸到糟鹵汁。
5. 吃時隔去汁水不要，挾出毛豆即成。

糟鹵汁味鹹，不用放太多，與開水拌勻時要試味。糟鹵汁本身帶有酒味，喜歡酒味濃的人，如果按以上份量再加入2湯匙紹酒的話，就變成醉毛豆，也是上海的風味冷菜之一，但家中有小孩子就不宜了。如果想改做鹽水毛豆，也就是以上的份量減去糟鹵，再另加1茶匙鹽就成了。

京蔥肉片炒年糕

年糕是由糯米（江米）磨粉做成，是我國歷史悠久傳統的食品，年糕有文字紀錄可追溯到千多年前，北魏的《齊民要術》中已有詳細的製造年糕記載。據說最早的年糕是民間在年夜時拜神祭祖時的祭品，寓意五穀豐登、年年高升，所以稱為年糕。而年糕的名稱來源也有一說法，說是由北方俗稱"粘糕"近音而來。

我國各省的年糕食品很多，有廣東廣西的黃糖年糕、北方的白年糕（白糕）、黃河流域和西北塞外的黃米糕、江南的水磨年糕等等。廣東廣西的黃糖年糕一般傳統只在過年時吃，而且只為甜食，江南的水磨年糕則做法最多，鹹甜的做法都有，全年四季都吃年糕。

江南水磨年糕顏色雪白口感軟糯，很有江南風味，使人聯想起吳儂軟語、皮膚白中透紅的江浙美女。江南水磨年糕有不同的品種，主要分別是年糕的形狀和口感不同，上海年糕（見P.106圖1）長度相對較短，口感比較寧波年糕稍有些硬，通常以乾貨包裝出售，易於貯藏和運輸，是江浙地區的送禮佳品。在市場見到的水浸年糕，長度相對長一點，是寧波年糕（見P.106圖2），口感比較軟糯，但不宜長時間貯藏，買回家後要繼續用清水浸着，煮食之前才撈出瀝乾水份。

京葱肉片炒年糕

我家多年來有一個習慣，每到周末上午各人都很少外出，也很少會早起床吃早餐，而中午飯會提早一點吃，這頓午飯多數都是吃各式雜糧，很少會正式炒菜做飯。一家人圍着吃些炒粉麵或餃子鍋貼，吃完就"各奔前程"，大人小孩各有活動。而炒年糕則是由我太太曉嵐這個外省媳婦引入門，從此各式湯年糕、炒年糕就加入了周末的陳家廚房了。

上海年糕

江南水磨年糕本身像一般的粉麵主食沒有特別的味道，要靠其他汁醬和輔料配搭，廚藝發揮創意的可塑性十分高。水磨年糕比較傳統的吃法是與菜肉同炒，也可以放湯吃。常見的年糕菜式有：雪菜肉絲炒年糕、三鮮炒年糕、八寶年糕、紅豆銀耳湯年糕、桂花年糕等等。以下介紹的是陳家其中的一種年糕做法，並非傳統的江浙做法，但做法簡單，深受家裏人和朋友的歡迎，讀者不妨一試。

寧波年糕

材料

寧波水磨年糕 300克

豬柳 150克

京葱 2根

海鮮醬 1湯匙

麵豉醬 1湯匙

生抽 .... ½茶匙

糖 .... ½茶匙

生粉 .... 半茶匙

麻油 .... 少許

🕐 準備時間20分鐘，烹調時間10分鐘

做法••••••••••••••••••••••••••••

1. 豬肉洗淨切片，用生抽、糖和生粉醃15分鐘。

2. 京葱白斜切半厘米厚片，葱尾段綠色部份不要。

3. 年糕沖水洗淨瀝乾，用刀斜切成半厘米厚片，在煲裏燒熱2公升水至出現蝦眼水（約90℃），熄火，放下年糕，泡約2分鐘至稍軟，取出，用冷水泡涼，煮前瀝乾。

4. 用2湯匙油爆炒京葱至半熟撈出。

5. 加入海鮮醬和麵豉醬中火炒勻，倒進肉片爆炒至七、八成熟，放入年糕不停炒至年糕變軟。

6. 加入炒過的京葱和少許麻油兜勻即成。

糯米紅棗

香港人的飲食習慣，普遍受西方的影響，在席間是鹹甜分開吃，一定是吃完飯菜後，也就是放下吃餸菜的筷子之後，再上甜品。七十年代，我們從美國回港，那時中國剛剛開始開放，我們與父母親一起到成都旅行，席上就有"甜燒白"和"八寶飯"與其他菜式一起上，除了見多識廣的父親外，我們都不大習慣，結果還是堅持最後才吃這兩道甜菜。近二十年來，我們在中國各省行走，發現除了四川、江浙和上海外，大部份地方的飲食習慣，基本上還是先鹹後甜。糯米紅棗是江浙名菜，但當地人並不把這個菜視為飯後甜品，而是與菜餚同時上菜，而且份量也不少，香港朋友到上海杭州等地上館子，可別堅持把這個菜當為小碟的飯後甜品啊！

紅棗的營養成份高，具有擴張血管和改善貧血、改善血液循環的功效。糯米，也叫江米，是否與盛產糯米的江蘇省的江字有關，那就無從查證了。糯米含豐富的蛋白質和鈣質，健脾益胃，補中益氣。糯米加上紅棗，肯定是營養豐富，老少咸宜的家庭食品。

材料

材料	份量
紅棗	300克
糯米粉	100克
冰糖	3湯匙
薑汁	1茶匙

材料選購

紅棗要買比較個大而不乾癟的，色澤較紅潤的。如果見到棗蒂的位置有小孔，即紅棗已生蟲，不能食用。

🕐 準備時間30分鐘，烹調時間30分鐘

做法

1. 紅棗洗淨，用小刀稍為割開，取去棗核不要。
2. 用水拌勻糯米粉，用手搓成粉糰。
3. 把糯米糰用刀切成小長條，逐個塞入紅棗中。
4. 中火蒸20分鐘到糯米粉全熟。
5. 用一個小鍋放入125毫升水，放入薑汁和碎冰糖煮溶成糖漿。
6. 再放入紅棗拌勻糖漿，夾出放在碟中即成。

陳家廚坊
烹調心得

- 做甜品用的紅棗,如果在零食店購買,個子會比較飽滿;但零食的紅棗可能已經加有糖份,所以要先試吃,把冰糖的份量再作調整。在一般中藥店出售的乾紅棗,比較適用於入藥和煮湯。
- 在把糯米條塞進紅棗時,要塞到滿滿的,讓糯米從紅棗切口中露出來。這樣沾滿糖漿的糯米紅棗的顏色會紅白相間,非常好看。
- 如果喜歡花香味,還可以淋上桂花糖或玫瑰糖。

桂花糖藕

在我年紀很小的時候，上學途經的地方有幾棵桂花樹，每年總有好些日子桂花灑滿一地，我和同學喜歡在樹下嬉戲追逐，故意弄得一頭小黃花。父親很喜歡做"馬蹄桂花"，並常用這一道甜品奉客。桂花糖是他自己釀做的，馬蹄是用新鮮的桂林馬蹄。他先把馬蹄削皮，再切成小粒，另外用桂花糖熬水，然後把馬蹄粒放進略煮即成。馬蹄桂花有桂花的香味，有馬蹄的清甜爽口，是一道很好的飯後粵式甜品。半個世紀過去了，那幾棵路邊桂花樹的地方，早已成了寬闊的柏油路，父親亦已身故多年，我至今還經常懷念他當年做的馬蹄桂花。

江南一帶盛產蓮藕，西湖蓮藕更具盛名，桂花糖藕是杭州的傳統小吃，當地大部份餐館都有這個菜式，但在上海和杭州的傳統熟食品店舖買到的糖藕，大多數卻是沒有放桂花。

材料

蓮藕1段	約800克
糯米	100克
碎冰糖	約2湯匙
桂花糖	2湯匙

材料選購

買蓮藕時要注意，表皮發紅有麻點而藕身較長型的屬於粉藕，比較合適做燉煲或桂花糖藕一類的菜式，表皮呈黃白色而藕身較圓的屬白藕，口感較爽脆，適合做炒菜。桂花糖在南貨店有售。

🕐 準備時間15分鐘，烹調時間3小時

做法

1. 把糯米洗過後浸在冷水中1個小時，然後瀝乾水份。
2. 蓮藕洗刷乾淨，在其中一邊的節位切下約4厘米左右的一塊，另一邊的節位保持密封。切下的一塊要當蓋子備用。
3. 把浸好的糯米由蓮藕的開口處塞入每一個蓮孔中，要用筷子向裏面桶，並同時把蓮藕垂直的在桌上輕輕的敲打，盡量用糯米每一個蓮藕孔塞到八成滿。
4. 把切下的小塊藕蓋蓋上，用牙籤固定位置(見圖)。
5. 用水把蓮藕在非金屬鍋內用中大火煮兩個小時至熟透，然後放入冰糖，再用火燜半小時，加入桂花糖，以小火開蓋慢煮，並小心不斷翻動，以免煮焦，煮到糖汁收至濃稠，立刻離火。
6. 取出蓮藕，涼卻後切片上碟，淋上鍋裏的桂花糖汁即可。

陳家廚坊
烹調心得

- 煮蓮藕不要用鐵器是要避免蓮藕發黑，適宜用玻璃鍋或瓦鍋。
- 桂花糖藕用的糯米也可以不經過泡浸，清洗乾淨後直接塞進蓮藕中。沒有經過泡浸的糯米在煮好後會糯而不爛，但是煮的時間要長一些，塞蓮藕孔也只能塞到七成滿，預留多一些空間讓糯米發脹。

"煮"婦的疑惑

在香港市面上眾多的中菜食譜中，有不少令讀者感到疑惑的作料名稱。

這些中菜食譜的作者和飲食文化來自不同的地區，主要有來自本港的、有中國的、有台灣的，而中國更分東南西北各省的，由於各地的菜式不同，生活習慣不同，歷史文化不同，有時同一種作料就有不同的名稱，而且很多時由於作者本身是職業廚師，他的用語和作料名稱就多為行內語，這情況多出現於來自中國大陸的食譜，而作者們又較少為此作特別的詮釋，所就經常出現"煮婦的疑惑"。

由於中華烹調文化博大精深，我們也只能把一些與本書有談及的做法中，有可能令讀者感到疑惑的部份先淺釋一下。

關於蔥和蒜

在很多省份的菜式中，都用蔥和蒜，似乎生活中每天吃飯都遇到，原來這蔥蒜之間，也有不少"煮婦的疑惑"，如此熟悉之物，有時也會買錯。為此，我們把香港幾種常見的蔥蒜介紹如下：

蔥——又名小蔥、青蔥、香蔥（見右圖），英文名字是 Green Onion，Spring Onion 或 Scallion，可以生吃或煮熟吃，最常見用於粵菜，無論蒸魚、蒸肉、燜菜和炒菜，廣東人都習慣放蔥作為配料，作為辟腥味及增加菜式的香味。北方人則喜歡把蔥用於涼拌，如小蔥拌豆腐。

京蔥——又名大蔥、蒜蔥、胡蔥（見右圖），英文名字是 Beijing Scallion，北方各省氣候比較冷的地方，都生產京蔥，其中山東京蔥尤其著名。京蔥味道比小蔥甜，可以生吃或煮熟吃，但很少用於粵菜。由於京蔥耐放，在我國北方，京蔥是家家戶戶常備儲存的食材，除了作為配料外，亦經常做主角，例如蔥爆羊肉、豬肉大蔥餃子等，是作為蔬菜來入饌。

唐蒜——香港人俗稱之為蒜或小蒜（見右圖），通俗的英文名字是 Chinese Leek，屬於薤類，與韭菜和藠菜（蕎菜、蕎頭）是親戚。香港菜市場一年四季都常見唐蒜，唐蒜必須熟吃，常用於粵菜中的爆炒、紅炆等菜式，有辟肉類膻臊味的作用，近年香港流行火焗，亦有把唐蒜打結作為火焗料熟吃。

青蒜——英文名字是 Leek（見右圖），蒜常見於大型超市，體型比京蔥還要粗大，綠色部份不多，經常有人把它誤以為是京蔥，是令不少香港主婦感到"疑惑"之物。而且請不要將之稱為"大蒜"，因為除廣東人外，凡操普通話的各省中國人，大蒜即是蒜頭（garlic），即為大個的蒜頭的意思。蒜 Leek 常用於西餐，例如蒜湯、沙律、伴菜等。

關於醬油、生抽、老抽

在我國廣東省和廣西省之外的各省，包括台灣在內，傳統的烹調作料中沒有用生抽和老抽，常見只有被稱為"醬油"的作料，甚至除主要大城市之外，現在有很多北方中小城市的超市仍然難以找到生抽和老抽。反之，在香港的市面上也少有本地品牌的"醬油"，在香港一般的超市可以買到的"醬油"，多為日式醬油或深受日本影響的台灣醬油，基本上分為淡口醬油和濃口醬油兩類。

生抽

淡口醬油有台灣出品的金蘭醬油和日本的萬字醬油（Kikkoman）。

日式的濃口醬油色澤如老抽，也有在釀製後期加入一些甜米酒，用來烹調江浙菜很適合，在香港可買到的有台灣味全的醬油露，以及萬家香的蔭油和壺底油等。其他的都是本地各品牌，以生抽老抽為主的粵式"豉油"。

淡醬油

其實無論淡口醬油、濃口醬油、生抽、老抽、頭抽、頂抽、二抽、壺底油、甜醬油、白醬油、草菇老抽……都是由黃豆和麵粉發酵出來的調味料，由於發酵過程會產生一種豉味，香港人

濃醬油

一般稱之為"豉油"，而各種不同的"醬油"和"抽"，就是在發酵和製作過程中不同時間"抽"出來的醬醪，按次序先後、色澤和鹹度，再調兌或加配料製作出不同風味的醬油產品，以適應各地飲食習慣的需要。我們陳家廚坊的粵菜食譜《真味香港菜》，便選用粵式的生抽和老抽。而本書介紹的是外省菜，江浙食譜中必用到所謂"醬油"，香港的讀者便要注意各式醬油的特點，例如，萬字醬油的優點是經高溫煮後不會變酸，但嫌色澤不夠深，有些江浙菜式就要選用濃口醬油，或者另加一點老抽來添色。新手下廚煮江浙菜，家裏如果沒有"醬油"，也可以用一半生抽兌一半老抽來臨時對付，但所用的老抽就不要選用草菇老抽，因為份量控制得不好的話，煮出來的顏色會太深黑，用草菇老抽來炒乾炒牛河會很合適，以後再介紹。

關於埋芡

　　煮中菜的埋芡，北方人稱勾芡，香港人稱為打芡(音獻)，於是常常出現"生粉"這個名字，生粉原來應是綠豆粉，主要用來埋芡用，時間長了慢慢很多人在習慣上叫凡是理芡用的粉都叫生粉，其實很多其他的澱粉都可以用來埋芡，以下就讓我們來解釋一下：

　　生粉——綠豆澱粉，用來埋芡由於糊性强所以操作容易，而且芡汁能令菜色顯得光潔明亮，是最常用的埋芡用澱粉。生粉另一經常的用途是做各式炸粉和炸漿。

　　玉米粉——香港家庭常用的鷹粟粉就是玉米粉，也稱粟米粉，鷹牌粟米粉在香港多年來深入民心，鷹粟粉也就幾乎成了一個名詞了。玉米澱粉用來埋芡和做羹，凝結成糊的時間比生粉慢一些，光澤也稍為比不上太白粉(馬鈴薯粉)，但優點是穩定性好，菜餚不易"返水"(亦稱出水、還水)。

　　太白粉——所有台灣的食譜説到埋芡都是用太白粉，有些香港讀者不知道太白粉是什麼，其實太白粉是馬鈴薯(薯仔、土豆)提出來的澱粉，用太白粉來埋芡特點是糊化速度較快，色澤較晶透，為台灣人最喜歡採用。但太白粉埋芡的缺點是穩定性較差，菜餚容易"返水"，一般香港的粵菜廚師不會採用。

　　馬蹄粉——是把馬蹄(荸薺)去皮磨爛再脱水而成，味道清香，口感嫩滑，多用於煮羹時用來加稠湯水，例如用於雞絲魚翅、西湖牛肉羹等。但馬蹄粉加水遇熱用來理芡，也是因為會容易"返水"，所以一般不應用於炒菜埋芡。

　　番薯粉——北方人稱地瓜粉，溶於水中加熱後黏度比生粉强，但色澤低沉，透明度較差，所以番薯粉不會用來理芡，以免影響菜餚賣相。而潮州菜中著名的煎蠔烙，就是用番薯粉加水與蠔仔同煎，再加雞蛋而成，而與蠔仔一起煎成型的番薯粉呈灰黃色半透明狀，成了材料中的一種，而不是起埋芡的作用了。

Drunken Chicken 醉雞 (p12)

Ingredients

1 dressed chicken, ¾ tbsp salt, 125ml Shaoxing wine, 125ml pressed yellow sugar, 1 tbsp ginger juice, 1 green apple

Method

1. Clean chicken thoroughly and remove any giblets from inside the chicken as well as the fat at the tail. Hang up to dry.
2. Marinate chicken with salt, 1 tablespoon wine and ginger juice for at least 2 hours. Turn the chicken over once or twice. Do not refrigerate.
3. Wrap the whole chicken in Microwave Oven Wrap leaving only the tail part uncovered to let in steam. Steam the chicken with the breast facing upward together with the marinated sauce under medium high heat.
4. Steaming time for a 1 kg chicken is 18 to 19 minutes, for a 1.1 to 1.2 kg chicken is 20 to 21 minutes. Turn off the heat but keep the lid on for another 5 minutes.
5. Take out chicken, let it cool, then remove the wrap. Save the juice from the chicken for later.
6. Discard the chicken neck and head and cut up the chicken into four large pieces.
7. Put the steamed chicken juice into a pot; add an equal amount of water and the pressed sugar, bring the sauce to a boil until the sugar is completely melted. After the sauce cools, add in Shaoxing wine equal to the steamed chicken juice and the green apple pitted but unpeeled and cut up into 8 pieces.
8. Marinate chicken pieces in the wine sauce for 24 hours.
9. Cut the chicken into smaller pieces and discard the apple. Make light gravy with wine sauce and some sugar, and pour over the chicken pieces before serving. A little more Shaoxing can be added to the gravy if desired to give it more wine flavor.

Shrimps Sauteed in Oil 油爆蝦 (p16)

Ingredients

400g fresh shrimp, 1 tbsp graded ginger, 2 tbsp chopped spring onion, 2 tbsp sugar, ½ tsp salt, 1 tsp soy sauce, 1 tbsp Zhenjiang vinegar, 1 tsp Shaoxing wine, ½ tsp sesame oil, 1 litre oil.

Method

1. Using kitchen scissors, cut off the sharp claws from the shrimp's head and the legs from the body.
2. Heat up oil in the wok under high heat, put in a handful of shrimps, deep fry lightly, remove the shrimps and wait until the oil is heated up again, put the shrimp back in. Repeat the process twice (for a total of three times) for each handful of shrimps. Use the same procedure for the remainder of the shrimps.
3. Pour out the oil, leaving only 2 tablespoons of oil in the wok.
4. Heat up the wok under medium heat, quickly stir fry the shrimps together with sugar, add graded ginger, sprinkle Shaoxing wine along the inside of the wok, then put in soy sauce, salt and vinegar, finally throw in chopped spring onions and stir fry until all the sauces are dried up. Put in a dash of sesame oil before serving.

Shredded Dried Tofu with Chicken and Ham 雞火乾絲 (p18)

Ingredients

1 package (2 pieces) of Yangzhou dried tofu, 1 dressed chicken, 20g Jinhua ham, 6 slices ginger, 2 tsp salt.

Method

1. Clean and wash chicken. In a large pot boil 2 litres of water, add ginger slices and chicken, cover and re-boil. Then turn off the heat and let the chicken simmer for 30 minutes with the lid on. Remove the chicken and let it cool.
2. Cut out the chicken breast and shred it by hand. Return the remainder of the chicken to the pot and cook for another 2 to 2 and half hours. Add ½ teaspoon of salt. Remove the oil from the surface of the soup, then strain. Save the soup for later use.
3. Soak the ham in cold water for 1 hour, clean, wash, and then steam for 10 minutes. Cut the ham into very thin strips.
4. Wash the dried tofu, trim the four sides to ensure smoothness, then slice the dried tofu into thin slices, and then cut the slices into very thin strips.
5. Soak the thin strips in 2 cups of water and 1 teaspoon salt for half an hour, take out the dried tofu strips and boil them in unsalted water. Repeat the process.
6. Boil one and half cups of chicken broth in a clean pot, put in shredded chicken and ham,

cook under medium heat for 5 minutes, then add dried tofu strips and simmer for another 5 minutes. Add a few drops of sesame oil in the soup before serving.

Yangzhou Lion's Head Meatball in clear soup 揚州清湯獅子頭 (p22)

Ingredients

300g minced lean pork, 200g fatty pork, 100g fresh shrimp, 1 tbsp ginger juice, 1 tsp salt, ¼ tsp sugar, 1.5 tbsp corn starch, 1 tbsp oat meal, white pepper

Method

1. Separate minced lean pork into two parts, one part coarsely chopped, the other finely chopped.
2. Dice fatty pork into small bits the size of corn kernel.
3. Shell the shrimps and mince.
4. Crush oat meal into powdery form by hand.
5. Put all ingredients into a large bowl and mix well by hand.
6. Form four large meat balls and put into a stew vessel, add water until the meat balls are covered.
7. Stew for two hours, serve with soup.

Dongpo Pork 東坡肉 (p26)

Ingredients

600g pork belly, 2 tbsp red sugar, 1 tbsp red yeast rice, 40g ginger slices, 400ml Shaoxing wine, 20g rock sugar, 1.5 tbsp light soy sauce, 1.5 tbsp dark soy sauce

Method

1. Scrape pork skin clean of bristles, remove the top layer of lean meat and save for other uses.
2. Blanch the pork for 20 minutes and rinse with cold water for 5 minutes. Drain. Cut the lean meat into four equal quarters but without cutting through the skin.
3. Caramelize red sugar with 2 tablespoons of water, place the pork belly skin down first and then turn over to ensure the pork belly surface is fully covered with caramel.
4. Boil red yeast rice in 1 cup of water for 15 minutes, strain, and keep the red yeast rice water for later use.
5. Line the bottom of a pot with ginger slices, on top of which put the pork belly with skin

facing down. Add wine, red yeast rice water and cold water until the pork belly is totally covered. Bring to a boil and reduce to low heat to simmer for 30 minutes, then add rock sugar, soy sauces and simmer for 1 hour. Turn over the pork belly and simmer for 1 more hour. Remove pork belly to a plate with skin side up and drizzle the juice from the pot on the pork.

Pan-fried Eel Pieces 生爆鱔背 (p30)

Ingredients

500g yellow finless eel, 1 tbsp chopped fatty pork, 1 tbsp chopped garlic, 1 tbsp shredded ginger, 100g hotbed chives, 100g bean sprouts, 2 tsp soy sauce, ½ tsp salt, 1 tsp Shaoxing wine, 1 tsp sugar, a pinch of white pepper, a pinch of corn starch, 1 tbsp sesame oil

Method

1. Clean the eel with salt and corn starch, wash and drain, and cut into sections 5-6 cm long and stripes of about 1.3 cm wide.
2. Put 4 cups of water in a pot, bring to a boil, and turn off the heat. Put in eel pieces and stir rapidly for about 10 seconds, then rinse with cold water and drain.
3. In a small bowl, mix in salt, soy sauce and sugar.
4. Heat up 1 teaspoon oil in a wok, put in chopped fatty pork and fry until crispy. Take out the crispy pork fat and save for later use.
5. Heat up the oil in the wok, put in shredded ginger and eel pieces and stir fry rapidly until eel pieces are dried. Sprinkle wine along the inside of wok, stir fry the eel lightly and add salt, soy sauce and sugar mixture. Toss until eel pieces are thoroughly cooked, add hotbed chives and bean sprouts, finally put in a pinch of white pepper, mix well and dish out to a plate.
6. Move the eel pieces in the plate to create an opening in the center for the chopped garlic.
7. In a clean wok, heat up 1 tablespoon of oil and 1 tablespoon of sesame oil; pour over the chopped garlic before serving.

Fish with Vinegar in West Lake Style 西湖醋魚 (p32)

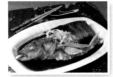

Ingredients

500g grass carp, 30g ginger, 3 tbsp Zhenjiang vinegar, 2 tsp red sugar, 1 tsp salt, 1 tsp corn starch

Method

1. Scale and wash the fish, scrape clean the black membrane from inside the fish using a small knife.
2. Peel ginger, cut half into thin slices, shred the other half.
3. Fill up a wok to 80% with water, add ginger slices ½ teaspoon of salt and bring to a boil.
4. Turn off the heat, lower the fish skin side up into the water, cover and coddle for 8 to 10 minutes. Carefully lift the fish into a plate, and then drain water from the plate.
5. Boil 1 cup of the water that was used to cook the fish, add vinegar, shredded ginger, ½ teaspoon of salt and sugar.
6. Thicken with corn starch into gravy.
7. Pour over the fish before serving.

Yangzhou Fried Rice 揚州炒飯 (p34)

Ingredients

1.5 cups rice (rice measuring cup), 4 large eggs, 100g shelled shrimps, 100g BBQ pork, 2 tbsp chopped spring onions, 1 tsp salt, 2.5 tbsp oil

Method

1. Soak rice in cold water for at least one hour, drain and mix well with ½ tablespoon oil.
2. Place a piece of cloth in a steamer, put the rice evenly on the cloth, and steam under high heat until rice is done.
3. Use only egg whites from two eggs together with the four egg yokes. Beat them well together with ½ teaspoon salt.
4. Boil shrimps and dice BBQ pork.
5. When the rice is cooked, separate the rice with chopsticks to let them cool, then slowly add egg batter into the rice and mix using chopsticks until each grain of rice is covered with egg batter.
6. Heat the wok, add 2 tablespoons of oil and turn off the heat when oil is medium hot. Put egg batter covered rice into the oil and toss them rapidly until each grain of rice is covered with oil. Turn the heat to medium

and quickly toss the rice until the egg batter is cooked.
7. Add shrimp, BBQ pork, ½ teaspoon salt and toss well.
8. Add chopped spring onions before serving.

Braised Duck with Onions 洋葱鴨 (p38)

Ingredients

1 dressed duck, 6 to 7 large onions, 250g pork belly, 1 star anise, 70g ginger, 1 tbsp dark soy sauce, 4 tbsp soy sauce, 2 tsp salt, 2 tbsp rock sugar, 1 can of beer

Method

1. Wash duck, remove extra fat and the two smelly glands from the duck's tail (the whole tail can also be cut out), hang up to drip for 1 hour, and pat dry with kitchen towels.
2. Wash pork belly. Do not cut into pieces.
3. Cut each onion into 8 sections and ginger in slices.
4. Lightly deep fry pork belly in medium heat, remove pork belly, and lightly brown the duck.
5. Run cold water over the duck to remove excess oil. Hang up the duck to let excess oil drip away from the belly.
6. Remove most oil from the wok leaving only 125ml, lightly fry ginger slices, and lightly brown the onion sections.
7. Add dark soy sauce, soy sauce, salt, sugar, beer to the wok and bring to a boil. Put in pork belly and duck with breast facing down. Cook with the wok cover on in medium low heat for 45 minutes, turn the duck, and cook for another 45 minutes. Take out the pork belly, turn the duck and cook for another 30 minutes.
8. Serve the duck uncut in a large plate. Cut pork belly into chunks and placed along side the duck. Make a sauce from the onion and the duck sauce thicken with corn starch and pour over the duck.

Boiled Mutton 白切羊肉 (p40)

Ingredients

600g goat belly, 20 white peppercorns, 3 cardamons, 30g ginger, 2 stalks Beijing scallion, 10 Chinese apricot kernels, 1 tsp salt, 1 tsp chopped garlic, 2 tbsp dark vinegar, 2 tbsp soy sauce, a few drops Sichuan spice pepper oil, sesame oil, 2 stalks Chinese parsley

Method

1. Blanch goat belly uncut for 5 minutes.
2. Cut ginger into thick slices and smash lightly, cut Beijing scallion into sections.
3. Crush Chinese apricot kernels after soaking in cold water, then put into a spice pouch together with white peppercorns.
4. In a large pot put in goat belly, ginger, Beijing scallion, cardamom and spice pouch, add water to cover ingredients, cover the lid and bring to a boil, then reduce to low heat and simmer for 1 hour. Add salt, turn off the heat and coddle for 30 minutes. Remove goat belly from the pot.
5. Put chopped garlic, vinegar, soy sauce, spice pepper oil and sesame oil in a small bowl, mix well to make a dip sauce.
6. Cut goat belly into stripes and served cold accompanied by fresh parsley and dip sauce.

Ribbon Fish with Vinegar醋香帶魚(p42)

Ingredients

600g ribbon fish, 1 tsp salt, 2 cloves garlic, ½ tsp white pepper, 2 stalks spring onion, 4 slices ginger, 1 tbsp thin soy sauce, 3 tbsp Zhenjiang vinegar, 1 tsp Shaoxing wine, 2 tsp sugar, ½ tsp spice pepper oil, sesame oil, 500ml oil

Method

1. Remove the head and tail of the fish, wash and cut into 10 cm sections, and make two cuts on each side of the fish section. Marinate fish with salt and white pepper powder for 30 minutes, pat dry with kitchen and coat the fish with corn starch.
2. Shred ginger and spring onion, and slice the garlic cloves.
3. Deep fry the fish until golden brown. Pour out the oil, leaving 1 tablespoon of oil in the wok.
4. Stir fry with high heat shredded ginger and garlic slices, put in ribbon fish, sprinkle in Shaoxing wine, add shredded spring onion, soy sauce, spice pepper oil, vinegar and sugar and cook until sauce thickens.
5. Finally add a dash of sesame oil before serving.

Corvina Fish with Scallion
葱靠黃魚(p44)

Ingredients

500g Corvina fish, 1 tsp light soy sauce, 1 tsp dark soy sauce, 1 tsp sugar, 6 stalks spring onion, 1 tbsp shredded ginger, 1 tbsp ginger juice, 1 tbsp Shaoxing wine, 125ml water, ½ tsp sesame oil

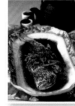

Method

1. Clean the fish of scales and gills, make a cut at the end of the fish stomach, insert two chopsticks through the head into the stomach, grab hold of the fish maw and intestines, twist and pull out intestines, then flush the inside of the stomach thoroughly. Make three cuts on each side of the fish.
2. Dissolve sugar in soy sauce and ginger juice, and marinate the fish for 30 minutes.
3. Cut spring onions into two inch sections and flatten the white stems.
4. Pat dries the fish with kitchen towel, and deep fry until golden brown. Keep the marinate sauce for the next step.
5. Heat 1 tablespoon oil under medium heat, stir fry spring onion and shredded ginger, add fish, sprinkle wine along the inside of the wok, put in marinate sauce and 125ml of water, cover and bring to a boil, and then reduce to low heat to simmer for 5 minutes. Turn the fish over and simmer for another 10 minutes.
6. Remove cover, add sesame oil, and cook under high heat until sauce thickens.

Fried Fish Slices with Distilled Grain Sauce糟熘魚片(p46)

Ingredients

250g frozen wrasse fillet, 20g bamboo slices, 5g dried black fungus, 2 egg whites, 1 tbsp corn starch, 3 tbsp white distilled grain, 1 tbsp Shaoxing wine, 125ml water, 1 tbsp ginger juice, ½ tsp salt, 2 tsp sugar, 250ml oil

Method

1. Thaw and wash fish fillet, and pat dry with kitchen towels. Cut fillet into thick slices and marinate with egg white and ½ tablespoon corn starch for 30 minutes.
2. Put white distilled grain into a blender and blend into a distilled grain sauce.

3. Soak dry black fungus in cold water, remove the stems and tear into smaller pieces. Blanch the bamboo shoot slices.

4. Heat 250ml of oil in a wok to medium hot, put in fish slices and cook under low heat until they are 70% cooked. Take out fish slices, pour out the oil leaving only 1 tablespoon in the wok.

5. Heat the oil under high heat, stir fry black fungus and bamboo shoot slices, sprinkle wine alone the inside of the wok, then add ginger juice, salt, sugar, distilled grain sauce and chicken broth, and bring to a boil. Put in fish slices, and thicken sauce with ½ tablespoon corn starch before serving.

Double Boiled Fresh and Ham Hock 金銀肘子 (p48)

Ingredients

1 de-boned pig's hock (about 600g), 200g ham hock, 10g rock sugar, 300g Shanghai brassica, sesame oil

Method

1. Soak ham hock in cold water for 1 hour, brush and scrape clean the surface, drain and cut into slices.

2. Stuff the de-boned pig's hock with ham and rock sugar.

3. Tie the stuffed hock with a piece of clean cotton string.

4. Put stuffed hock into a large bowl; add cold water to cover the hock completely. Cover the bowl and double boil for 4 hours.

5. Put boiled Shanghai brassica on a large plate and place the stewed hock in the center. Cut and remove the cotton sting.

6. Boil 1 cup of the juice from the bowl until thicken, add sesame oil, and pour over the pig's hock and vegetables.

7. Cut pig's hock into small pieces before serving.

Spare Rib Wuxi Style 無錫肉骨頭 (p52)

Ingredients

600g spare ribs, 2 tsp salt, ½ cup Shaoxing wine, 1 tbsp soy sauce, 30g rock sugar, 1 star anise, ½ tsp cinnamon powder, 1 tsp red yeast rice, 2 stalks Beijing scallion cut in sections, 6 slices ginger

Method

1. Cut spare ribs into 5 to 6 cm length, wash and pat dry with kitchen towels. Marinate ribs with salt over night and wash away the salt with cold water.

2. Boil the spare ribs in half a pot of water for 2 minutes, remove and rinse with cold water for 2 minutes.

3. Put star anise and red yeast rice into a spice pouch.

4. In a small clay pot or non-stick pot, line the bottom with ginger slices and Beijing scallion sections, put on top spare ribs, spice pouch, cinnamon powder and wine, and add water to cover all the ingredients. Bring to a boil, cook for 5 minutes, add soy sauce and rock sugar, cover and reduce to low heat to simmer for about 2 hours until the sauce thickens. Turnoff the heat and discard the spice pouch.

5. Put the spare ribs, ginger and Beijing scallion on a place, top with sauce from the pot.

Steamed Pork Belly with Ningbo Shrimp Paste 寧波蝦醬五花腩 (p56)

Ingredients

300g pork belly, 10 tofu puffs, 50g fresh shrimp meat, 10g fatty pork, 1.5 tbsp shrimp paste, 1 tbsp ginger juice, 1 tbsp sugar, 1 tbsp Shaoxing wine, 1 tbsp corn starch, some chopped spring onions

Method

1. Wash and cut pork belly into ½ cm thick slices.

2. Wash and chop fresh shrimp into small chunks. Half the tofu puffs.

3. Wash and chop fatty pork, and then mix well with chopped shrimp.

4. Mix shrimp paste, chopped shrimp, fatty pork, sugar, wine, ginger juice and corn starch to form a marinating sauce and marinate pork belly for 30 minutes.

5. Put pork belly slices on a plate lined with tofu puffs and pour the remaining marinating sauce on top. Steam for 20 minutes.

6. Sprinkle chopped spring onions on top before serving.

Steamed Pork Belly with Shaoxing Preserved Vegetables(p58)
紹興霉乾菜扣腩肉

Ingredients

350g pork belly, 60g Shaoxing preserved vegetable, 3 tbsp sugar, ½ tbsp Gaoliang wine, 1 star anise, 8 thin slices of ginger

Method

1. Place pork belly skin face down on the chopping board and remove the top layer of lean meat. Rinse pork belly and blanch for about 2 minutes. Rinse with cold water for about 1 minute, and then cut into slices 1/2 cm thick and 5 to 6 cm wide.
2. Rinse the Shaoxing preserved vegetable, drain, and cut into smaller pieces. Mix with 3 tbsp oil and ½ tbsp Gaoliang wine, and then mix in 3 tbsp cooked oil.
3. In a large bowl, line the sides of the bowl with pork belly slices and cover with the preserved vegetable and top with ginger slices. Press with hands to firmly pack the contents, and seal with aluminum foil. Steam over high heat for 4 hours.
4. Remove aluminum foil, cover the bowl with a large plate, pour out the juice then turn over the bowl-plate assembly to put the steamed pork belly and Shaoxing preserved vegetables on the plate. Pour the juice on top of the pork belly and preserved vegetables and serve.

Wensi Tofu Soup 文思豆腐羹(p62)

How to cut Wensi Tofu

1. Remove the plastic wrap from the top of the tofu box, the pull lightly outward on the sides (see figure 1) to loosen the tofu from the box, turn over the box and lightly press on the bottom to let the tofu slide onto the chopping board (see figure 2).
2. Cut tofu in the middle to two equal pieces (see figure 3). Trim the sides of each piece so that they are completely smooth (see figure 4). Cut each piece horizontally into three equal pieces (see figure 5) for a total of 6 pieces.
3. Put some water on a piece of tofu and cut it vertically into thin slices (see figure 6), and gently flatten the slices (see figure 7). Sprinkle water on the tofu slices and cut them into very thin strands (see figure 8).

4. Put tofu strands into a large bowl of cold drinking water (see figure 9) and disperse them with a pair of chopsticks (see figure 10).
5. Repeat until all tofu pieces are cut into strands.

Wensi Tofu Vegetable Soup

Ingredients

3 0 0 g carton of soft tofu, 500g soy bean sprouts, 6 to 8 dried straw mushrooms, 2 slices ginger, some salt, some sugar, sesame oil

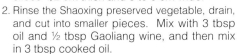

Method

1. Prepare tofu as instructed above.
2. Soak dried straw mushrooms until soft, wash and drain. Rinse soy bean sprouts with clear water and drain.
3. Put in 2 litres of water in a large pot, add straw mushrooms and soy bean sprouts, bring to a boil, reduce to low heat and cook for 2 hours. Run soup through a strainer to obtain a clear broth.
4. Bring soup to a boil, season with salt and sugar. Put soup in a large serving bowl.
5. Lift tofu strands with a pair of chop sticks and gently put into the soup. Disperse strands lightly with chopsticks.
6. Sprinkle a few drops of sesame oil into soup before serving.

Wensi Tofu Pumpkin Soup

Ingredients

300g carton of soft tofu, 500g pumpkin, 40g rock sugar

Method

1. Prepare tofu as instructed above.
2. Peel pumpkin, remove seeds, cut into small pieces and steam for 15 minutes.
3. Put pumpkin into a blender, add 3 cups of water and blend into a think pumpkin soup.
4. Bring pumpkin soup to a boil and remove the foam from the surface with a large spoon. Add rock sugar and cook until sugar is melted. Dish out the soup into bowls.
5. Lift tofu strands with a pair of chop sticks and gently put into the soup in each bowl. Disperse strands lightly with chopsticks.
6. Soup can be served hot or cold without any more additives.

英文食譜 **RECIPES**

Fish Soup Songsao Style 宋嫂魚羹

(p68)

Ingredients

400g Mandarin fish, 2 tbsp shredded cooked ham, 5 dried mushrooms, 2 tbsp shredded bamboo shoot, 2 eggs, 1 tbsp ginger juice, 2 tbsp shredded ginger, 2 stalks spring onions shredded, 1 tbsp Shaoxing wine, 1.5 tsp salt, 1 tbsp Zhenjiang vinegar, white pepper, 1 tbsp water chestnut starch

Method

1. Fillet the fish and save for later use. Put remainder of fish into a sack (for soup use), add 750ml of water bring to a boil, then reduce to medium heat and cook for 30 minutes. Run the soup through a strainer.
2. Place the two fish fillets skin facing down on a plate, marinate with ½ teaspoon salt and 1 tablespoon ginger juice, and steam for 6 to 7 minutes. Pour out water from the plate and remove all bones and skin. Shredded the fish with chopsticks.
3. Soak dry mushrooms until soft, then cut into find strands.
4. Beat the egg whites until fluffy. Discard the egg yokes.
5. Heat up 1 tablespoon oil in a pot and stir fry shredded ginger, mushroom and bamboo shoot together with wine. Add fish soup, white pepper and 1 teaspoon salt, bring to a boil, put in fish and turn off the heat. Run egg white through a wire strainer into the soup in a circular motion. Do not stir.
6. Bring the soup to a boil, reduce to low heat, season with vinegar, and thicken soup with water chestnut starch. Finally add shredded spring onion before serving.

Stewed Fish Head with Tofu in a Clay Pot(p72)
砂鍋魚頭豆腐

Ingredients

1 fish head, 300g Tianjin cabbage, 5 cloves garlic, 1 firm tofu, 30g shredded pork, 4 dried mushrooms, 150g green been starch sheet noodles, 250ml chicken broth, 3 stalks spring onion cut in sections, 1 tbsp ginger juice, 4 slices ginger, 1 tbsp Shaoxing

wine, 2 tbsp chili bean paste, 1 tsp soy sauce, 1.25 tsp salt, 2 tbsp corn starch, white pepper, sesame oil

Method

1. Cut the fish head down the center in two, wash and marinate for 15 minutes with 1 teaspoon salt, 1 tablespoon ginger juice and some white pepper, coat with corn starch and fry until golden brown. Brown the garlic cloves.
2. Cut Tianjin cabbage lengthwise into four pieces, and then into sections 6 to 7 cm long. Blanch the vegetables.
3. Cut tofu into 1 cm cubes, brown lightly.
4. Soften green bean starch sheet noodles in cold water, and shred mushrooms after softening in water.
5. Marinate shredded pork with ¼ teaspoon salt, ¼ teaspoon corn starch and some oil.
6. Heat up one tablespoon oil in a clay pot, stir fry ginger slices, mushrooms, garlic, shredded pork and chili bean paste, put in 1 cup chicken broth and cabbage, place fish head on top of the cabbage, add wine and soy sauce, then cook in high heat for 10 minutes. Finally put in tofu, green bean starch sheet noodles and spring onion sections. Reduce to medium heat and cook for 6 to 8 minutes. Add sesame oil before serving in the clay pot.

Stir Fry Water Bamboo with Shrimp Roe 乾煸蝦子茭白 (p74)

Ingredients

600g water bamboo, 50g ground pork, 1 tsp graded ginger, 2 tbsp chopped spring onion, 30 Sichuan spice peppercorns, 3 tbsp chopped preserved mustard, 20g dried shrimps, 4 tbsp processed shrimp roe, 3 tbsp soy sauce, 1 tsp sugar, 1 tsp Zhenjiang vinegar, sesame oil

Method

1. Remove the outer shell of the water bamboo, and pare until the water bamboo is complete white. Wash and cut water bamboo into small chunks. Blanch for 1 minute and drain.
2. Soften dried shrimps in water, drain dry then mince finely.
3. Marinate ground pork with ½ teaspoon soy sauce, ½ teaspoon sugar and ½ teaspoon minced dried shrimp.
4. Heat 2 tablespoon oil in the wok, pan fry water bamboo until olden brown and put on a plate. Turn off the heat.
5. Leave 1 tablespoon oil in the wok, let it cool before putting in Sichuan spice peppercorns, turn on low heat, and heat peppercorns until aroma begins to come out. Discard the peppercorns.

6. Stir in graded ginger, add minced dried shrimp and ground pork and stir fry under high heat, then add minced preserved mustard, sugar, soy sauce, water bamboo, vinegar and sesame oil. Finally put in processed shrimp roe, toss quickly and add chopped spring onion before serving.

Chan's Shrimp Roe with Chicken Broth(p75)

Ingredients

3 0 0 g dry shrimp roe, 3 0 g ginger, 2 tbsp Shaoxing wine, 125ml chicken broth, 6 perilla (or basil) leaves.

Method

1. Grade the ginger to extract 2 tablespoons juice.
2. Crush the perilla or basil leaves.
3. Mix all the ingredients in a large bowl and double boil for 1.5 hours.
4. Lightly roast the shrimp row in a dry frying pan in small amounts each time. Do not over roast.
5. Bottle and refrigerate.

Shanghai Vegetable Rice
上海菜飯 (p76)

Ingredients

2 cups (rice measuring cup) of rice, 100g Shanghai salted pork, 100g Shanghai brassica, 50g fatty pork, 1 tbsp chopped garlic, 1 tbsp oil

Method

1. Wash rice and drain.
2. Soak the Shanghai salted pork in cold water for 1 hour, then drain and cut into ¼ cm thin slices.
3. Dice fatty pork into small bits.
4. Wash the Shanghai brassica, blanch rapidly, and chop into small pieces.
5. Heat 1 tablespoon oil in the wok, fry fatty pork bits until they becomes crispy. Save the pork crisp for later.
6. Add chopped garlic to the oil, stir fry and put in rice, continue to stir fry for half minute.
7. Cook rice normally in a rice cooker.
8. When rice starts to boil, put in Shanghai salted pork slices.
9. When rice is cooked, add chopped Shanghai brassica, mix well, and cover the lid for 3 minutes. Sprinkle pork crisp on top before serving.

Vegetarian Crab Meat and Roe with Tofu 素蟹黃豆腐 (p78)

Ingredients

1 small potato, ½ carrot, 1 soft Tofu, 1 tbsp graded ginger, 1 salted duck egg, 2 eggs, 1 tsp light soy sauce, ½ tsp salt, 1 tsp sugar, 2 tsp Zhenjiang vinegar, sesame oil

Method

1. Boil potato and carrot, peel and crush separately with a fork.
2. Separate the egg yokes from the egg white. Add sesame oil to the egg yoke and beat thoroughly.
3. Add egg white from the salted duck egg to the egg white and beat until fluffy. Mash the salted duck egg yoke into irregular pieces.
4. Dice tofu into large pieces, soak in salt water for 30 minutes, drain and place on a plate. Mix with light soy sauce and sesame oil, and steam for 3 minutes (or cook in microwave oven for 2 minutes). Drain water from the plate.
5. Heat 2 tablespoon oil in a wok and cook the egg whites, breaking them up and place on a plate.
6. Stir fry in the wok graded ginger and salted duck egg yoke, add crushed potato, toss, then add crushed carrot, salt, sugar and vinegar, and stir fry all ingredients together.
7. Add a dash of sesame oil, and put in cooked egg whites, toss all ingredients together. Turn off the heat.
8. Remove the wok from heat, mix in raw egg yoke with the ingredients, and pour over the bean cake.

Duck Tongue with Pickled Sauce
酒糟鴨舌 (p80)

Ingredients

3 0 0 g duck tongue, 2 star anise, 1 5 Sichuan spice peppercorns, 3 stalks spring onion cut in sections, 4 slices ginger, 1 tsp sugar, 1 tsp salt, 1 tbsp Shaoxing wine, 3 tbsp pickled sauce.

Method

1. Wash and clean duck tongue, boil for 2 0 minutes and rinse with cold water. Drain.
2. Put Sichuan spice peppercorns and star anise in a spice pouch.
3. Boil ginger slices and spice pouch in 500ml of water for 20 minutes. Discard ginger and

spice pouch.

4. Add sugar, salt and spring onion, bring to a boil, then turn off the heat. When the sauce cools, add wine and pickled sauce.

5. Put duck tongue in pickled sauce and coddle for 2 to 3 hours before taking them out. Brush with sesame oil before serving.

Spiced Smoke Fish 五香燻魚 (p82)

Ingredients

4 mackerel fillets (about 500g), 1 tbsp graded ginger, 4 stalks spring onion stems, ½ tsp salt, 4 tsp Shaoxing wine, 1 tbsp soy sauce, 1 tsp allspice, 1 tbsp Zhenjiang vinegar, 1 pc pressed sugar, 1 tbsp sesame oil, 3 tbsp water

Method

1. Wash, drain and pat dry mackerel fillets.

2. Cut into sections and smash green onion stems, put in a large bowl together with graded ginger, salt and 2 teaspoon wine. Coat mackerel fillets completely with sauce and marinate for 1 hour.

3. Pat dry fish fillet with kitchen towels and deep fry in 1 litre of oil until light brown. Remove and drain excess oil from the fish.

4. In another small pot put in 2 teaspoon wine, soy sauce, allspice, vinegar, pressed sugar and water, and add the marinating sauce and spring onion stems. Heat up the sauce in low heat and cook until the pressed sugar has melted, then pour into a large bowl.

5. Put fish fillet in the bowl one at a time and coat each side of the fillet completely with the sauce, then place fillet on a steam rack and brush with sesame oil. Cut fillet into sections before serving.

Three Smoked Tidbits 燻三樣 (p84)

Ingredients for smoke sauce and dip sauce: 2 star anise, 20 spice peppercorns, 1 tbsp fennel powder, ½ tbsp cinnamon powder, ½ tbsp shajiang powder, 2 tbsp liquid smoke, 1 tbsp salt, 2 pcs pressed sugar, 1 tbsp sugar, 4 tbsp soy sauce, 2 tbsp Shaoxing wine, 6 slices ginger, 1 litre water, 1 tsp sugar, 2 tbsp vinegar

Method for making smoke sauce and dip sauce:

1. Place star anise and spice peppercorns in a spice pouch, and put in a large pot together with fennel, cinnamon, shajiang, ginger and water, bring to a boil, reduce to low heat and simmer for 30 minutes.

2. Add salt, pressed sugar, soy sauce, liquid smoke and wine, and simmer until the sugar has melted to complete the smoke sauce. Discard the spice pouch.

3. Mix 2 tablespoons smoke sauce, 2 tablespoons vinegar and 1 tablespoon sugar for the dip sauce.

Tidbit Ingredients

1 pair pig's ear, 4 raw duck eggs, 300g tripe, 12 slices ginger, 1 tbsp ginger juice
Smoked Pigs Ear

Method

1. Wash and clean pig's ears, blanch and rinse with cold water.

2. In a pot of fresh water add 6 slices of ginger, boil pig's ears for 30 minutes then rise with cold water.

3. Put pig's ears in smoke sauce, bring to a boil, turn off heat and let pig's ears immerse in sauce for 4 hours.

4. Cut pig's ears into thin slices and serve with dip sauce.

Smoke Eggs

Method

1. Place raw duck eggs in a pot; add cold water to cover the eggs completely.

2. Bring to a boil and remove the duck eggs immediately after boiling for 4.5 minutes.

3. Rinse in cold water and shell the eggs.

4. Immerse eggs in cold smoke sauce for at least 4 hours.

5. Cut eggs in half and serve together with dip sauce.

Smoked Tripe

Method

1. Cut tripe into two halves, wash and soak in cold water for 1 hour, changing water once or twice. Blanch for 5 minutes and rinse with cold water. Repeat the process.

2. In a pot of fresh water add 6 slices of ginger, boil tripe for 1 hour under medium low heat, and rinse with cold water.

3. Put tripe in smoke sauce, bring to a boil, turn off the heat and let tripe immerse in sauce for 4 hours.

4. Cut tripe into thin slices and serve with dip sauce.

Drunken Prawns with Wolfberries
杞子醉蝦 (p88)

Ingredients

600g fresh prawns, 3 pieces Angelica, 20 dried wolfberries, 10 dried longans, ½ tsp salt, 1 medium size rock sugar, 250ml Shaoxing wine, 500ml water

Method

1. Wash prawns, boil, drain and allow to cool.
2. Trim tentacles and legs from the prawns.
3. In a pot boil 500ml of water, add angelica, wolfberries, longans, salt and rock sugar. Cook under low heat for 15 minutes and then turn off the heat. Let sauce cool completely before adding wine.
4. Immerse prawns in wine sauce for 4 to 5 hours before serving.

Pig Trotters in Wine Sauce
糟醉豬手 (p90)

Ingredients

1000g pig's trotters, 250ml pickled sauce, 125ml Shaoxing wine, ½ tsp salt, 1 tsp sugar, 8 slices ginger, 30 spice peppercorns, 250ml cold drinking water

Method

1. Wash pig's trotters, blanch for 5 minutes, and rinse with cold water.
2. Boil pig's trotters with ginger and spice peppercorn in a large pot of water, reduce to low heat and cook for 2 hours.
3. Immerse pig's trotters in cold drinking water until cold, drain. Discard ginger and spice peppercorn.
4. Blend pickled sauce, wine, salt, sugar and 1 cup of cold drinking water, immerse pig's trotters for 24 hours.

Tofu Roll in Chicken Soup
雞汁百頁包 (p92)

Ingredients

5 sheets tofu wrap, 250g ground pork, 50g fresh shrimp, 200g Chinese cabbage, ½ tsp salt, ½ tsp sugar, 1 tsp soy sauce, 1 tbsp corn starch, 500ml chicken broth, 1 tsp baking soda, 6 sprigs Chinese leeks, white pepper

Method

1. Mix 1 teaspoon baking soda with 4 cups of warm water, immerse tofu sheets for 15 minutes until tofu sheets change to an off white color.
2. Wash, cut and blanch the cabbage, and squeeze the water from the cabbage. Chop cabbage to smaller pieces.
3. Shell and coarsely chop the shrimps.
4. Mix ground pork, shrimp, cabbage, salt, sugar, white pepper and corn starch into a stuffing.
5. Quarter each tofu sheet and make tofu roll with 1 tablespoon of stuffing each.
6. Cut leaves from the Chinese leeks, and run each leaf rapidly through boiling water. Cut each leaf in two lengthwise down the center.
7. Tie each tofu roll with a piece of leek leaf,
8. Bring chicken broth to a boil, put in tofu roll, reduce to low heat and cook for 10 minutes.
9. Serve together with soup.

Kaofu (Bran Dough) with Black Fungus 木耳烤麩 (p94)

Ingredients

200g kaofu, 20g dried black fungus, ½ red bell pepper, ½ green bell pepper, 2 slices ginger, 10g shredded ginger, 1 tbsp oyster sauce, 1 tbsp Shaoxing wine, 1 tsp sugar, ½ tsp salt

Method

1. Tear kaofu into small chunks, boil ginger slices in a pot of water, add kaofu chunks and blanch for 1 minute, drain. Squeeze water from kaofu when it is cool and dry with kitchen towel.
2. Immerse dried black fungus in cold water until it is fully swelled up; blanch for 2 minutes, drain.
3. Wash bell peppers and cut into small chunks.
4. Heat up 250ml of oil in a wok, deep fry kaofu until golden brown, remove the kaofu and press to remove excess oil from the kaofu.
5. Pour out oil leaving only 1 tablespoon oil in the wok, stir fry shredded ginger, put in kaofu, bell peppers and black fungus, and sprinkle wine along the inside of the wok. Finally add oyster sauce, salt and sugar, toss well, and add a few drops of sesame oil before serving.

Stewed Bamboo Shoot
油燜筍 (p96)

Ingredients

½ can (200g) bamboo shoot, 2 tsp dark soy sauce, 2 tsp sugar, 20 spice peppercorns, 1 tsp sesame oil

Method

1. Rinse bamboo shoot with cold water and drain. Cut off 1 cm from the base of the bamboo shoot and discard.
2. Add spice peppercorns to 1 tablespoon of oil; heat up under low heat until aromatic to make spice pepper oil. Discard spice peppercorns.
3. Add bamboo shoot to spice pepper oil, stir fry in high heat, put in soy sauce and sugar, stir, then add 2 tablespoons of water and simmer for a few minutes under low heat. Do not cover the wok.
4. When the bamboo shoots become soft and take on the color of soy sauce, turn to high heat and cook until the sauce thickens and clings to the bamboo shoot. Add sesame oil before serving.

Mixed Tofu with Chinese Toon Shoots 香椿拌豆腐 (p98)

Ingredients

5 0 g salted Chinese toon shoots, 1 carton firm tofu, ½ tsp table salt, 1 tsp sesame oil, 1 tbsp sesame paste

Method

1. Wash salt from the Chinese toon shoots and soak them in cold water for 30 minutes.
2. Boil a pot of water, quickly blanch the Chinese toon shoots, drain and minced.
3. Take tofu out of the carton onto a plate and dice into 1 cm cubes.
4. Thin sesame paste with drinking water.
5. Add Chinese toon shoot, sesame paste, sesame oil and salt to the tofu, mix and serve.

Kalimeris and Tofu Salad 馬蘭頭拌香乾 (p100)

Ingredients

300g Kalimeris, 2 pcs dried tofu, 1 tsp sesame, ½ tsp salt, ½ tsp oil

Method

1. Wash Kalimeris. In a pot of boiling water, add oil and quickly blanch Kalimeris, remove and rinse with cold drinking water. Squeeze excess water from Kalimeris.
2. Wash and blanch dried tofu.
3. Use kitchen towels to take away excess water from dried tofu and Kalimeris, then chop and mix with salt and sesame oil.
4. Fill a round stainless steel mould with chopped tofu and Kalimeris, press firmly, and push out onto a plate before serving.

Pickled Soy Beans 糟毛豆 (p102)

Ingredients

300g fresh soy beans pods, 25 spice peppercorns, 1 tsp salt, 1 tsp allspice, 1 2 5ml pickled sauce

Method

1. Wash and drain fresh soy bean pods, cut off the two ends of the pod.
2. Boil a pot of water, put in spice peppercorns, salt and allspice, and cook for 5 minutes. Add soy bean pods and cook under medium heat for 2 0 minutes. Turn off the heat and let soy bean pods coddle for 10 more minutes. Take out soy bean pods and discard spice peppercorns.
3. Remove water from the surface of the soy bean pods with kitchen towels.
4. In a large bowl put in 125ml of pickled sauce and 125ml cold drinking water, immerse soy bean pods and refrigerate for 4 to 5 hours, turning over soy bean pods twice.
5. Serve soy bean pods without pickled sauce.

🍵 度量衡換算表

　　儘管香港已經轉用公制度量衡的公斤、公尺和公升，但是在市場上通用的還包括司馬斤（16兩）、磅（16安士）、英尺（12吋）、杯（8液體安士）。本書所用的度量衡制度為公制，為方便讀者，特提供以下換算表：

Stir-fried Glutinous Cake with Pork and Beijing Scallion
京葱肉片炒年糕(p104)

Ingredients

300g Ningbo glutinous rice sticks, 150g pork tenderloin, 2 stalks Beijing scallion, 1 tbsp hoisin sauce, 1 tbsp bean paste, ½ tsp light soy sauce, ½ tsp sugar, ½ tsp corn starch, sesame oil

Method

1. Cut pork into slices and marinate for 15 minutes with ½ teaspoon sugar and corn starch.
2. Slant cut Beijing scallion stems into ½ cm thick slices and discard the leaves.
3. Rinse rice sticks and slant cut into ½ cm slices. Heat 2000ml of water to just below boiling (about 90°C), turn off heat, put in rice sticks and soak for about 2 minutes until slightly soft. Soak rice sticks in cold water until ready to use.
4. Stir fry in high heat Beijing scallion with 2 tablespoon of oil and remove to plate.
5. Stir in hoisin sauce and bean paste, add pork and stir fry until 80% done. Put in glutinous rice sticks and stir fry until soft.
6. Put in Beijing scallion and sesame oil, toss and serve.

Red Dates stuffed with Glutinous Rice Flour 糯米紅棗 (p108)

Ingredients

300g dried red dates, 100g glutinous rice flour, 3 tbsp crushed rock sugar, 1 tsp ginger juice

Method

1. Wash, cut open and pit the red dates.
2. Add water to the gluten rice flour and knead into dough.
3. Cut dough into small pieces and stuff the dates.
4. Steam dates under medium heat for 20 minutes.
5. Put 125ml of water in a small pot, add ginger juice and rock sugar and cook into a thick syrup.
6. Coat each date with the thick syrup and serve.

Lotus Root coated with Osmanthus Fragrans 桂花糖藕 (p110)

Ingredients

1 section lotus roots (about 800g), 100g glutinous rice, 2 tbsp crushed rock sugar, 2 tbsp Osmanthus Fragrans Sugar

Method

1. Soak glutinous rice in cold water for 1 hour, drain.
2. Wash and clean lotus root, cut off one end (about 4 cm) to use as a cover.
3. Stuff lotus root with glutinous rice to 80% full.
4. Cover the lotus root with the cut off piece and fixed in place with tooth picks.
5. Boil lotus root in a non-metallic pot for 2 hours, put in rock sugar and stew for 30 minutes, then add Osmanthus Fragrans sugar, cook under low heat until sauce thickens to a syrup.
6. Take out lotus root, cool, and cut into ½ cm slices. Pour Osmanthus Fragrans sugar syrup over the lotus roots before serving.

克 gram	40	50	100	150	200	250	300	350	400	450	500	600	1000
兩 tael	1.06	1.33	2.66	4.00	5.32	6.65	8.00	9.31	10.64	11.97	13.33	16.00	26.66
安士 oz	1.40	1.76	3.52	5.28	7.04	8.80	10.56	12.32	14.08	15.84	17.62	21.12	35.24

1湯匙(table spoon) = 15毫升(ml)（約等於1中式湯匙）　　1茶匙(tea spoon) = 5毫升(ml)

1杯 = 250毫升(ml) 約等於8液體安士(fluid oz) 或有柄筒形大咖啡杯 mug 的80%

鳴謝

攝影名家黃培先生提供杭州西湖及紹興的風景照片。

黃可尚先生對本書提供寶貴的意見。

Endang SN 小姐為我們在拍攝菜式的過程中提供幫助,使拍攝得以順利完成。

莎蓮娜企業提供有機蔬菜。

陳家廚坊

在家做江浙菜

編著
陳紀臨　方曉嵐

編輯
郭麗眉

攝影
幸浩生

封面設計
朱靜

版面設計
劉紅萍

出版
萬里機構‧飲食天地出版社
香港鰂魚涌英皇道1065號東達中心1305室
電話:2564 7511　傳真:2565 5539
網址:http://www.wanlibk.com

發行
香港聯合書刊物流有限公司
香港新界大埔汀麗路36號中華商務印刷大廈3字樓
電話:2150 2100　傳真:2407 3062
電郵:info@suplogistics.com.hk

承印
中華商務彩色印刷有限公司

出版日期
二〇一〇年八月第一次印刷
二〇一八年六月第五次印刷

版權所有‧不准翻印

Copyright © 2010-2018 Wan Li Book Co. Ltd.
Published in Hong Kong by Food Paradise,
a division of Wan Li Book Company Limited.
ISBN 978-962-14-4374-8

萬里機構　　萬里 Facebook　　myCOOKey.com